博物馆城市

以文化遗产展示为特征的城市设计

Museum City

A Concept of Urban Design

Characterized by the Display of Cultural Heritage

孔岑蔚　著

中国建筑工业出版社

图书在版编目（CIP）数据

博物馆城市：以文化遗产展示为特征的城市设计 ＝
Museum City : A Concept of Urban Design
Characterized by the Display of Cultural Heritage /
孔岑蔚著. —— 北京：中国建筑工业出版社，2025. 4.
ISBN 978-7-112-31063-0

Ⅰ. TU984

中国国家版本馆 CIP 数据核字第 20259ZK358 号

责任编辑：杨　晓
书籍设计：孔岑蔚
封面题字：孔祥胜
责任校对：赵　力

博物馆城市　以文化遗产展示为特征的城市设计
Museum City
A Concept of Urban Design Characterized by the Display of Cultural Heritage
孔岑蔚　著

*

中国建筑工业出版社出版、发行（北京海淀三里河路9号）
各地新华书店、建筑书店经销
北京光大印艺文化发展有限公司制版
北京中科印刷有限公司印刷

*

开本：787毫米×1092毫米　1/16　印张：15¾　字数：208千字
2025年4月第一版　2025年4月第一次印刷
定价：**98.00** 元
ISBN 978-7-112-31063-0
（44509）

中央高校基本科研业务费专项资金资助

中央美术学院自主科研项目资助

序

作为孔岑蔚从学生逐步成长为大学教师的见证者，我深知他在博物馆展陈空间设计领域积累了扎实的研究与实践。他对博物馆展陈空间如何有效展示文化遗产、增强观众体验有着深入的见解，并不断探索新的理论框架与设计方法。近年来，他进一步拓宽了研究视野，将博物馆展示设计与城市设计有机结合，提出了"博物馆城市"的创新理念。这本著作可看作是他学术发展的自然延伸，也是他对博物馆设计与城市设计边界的深入探索。

"博物馆城市"这一概念提出了一种全新的视角，即将城市视为一种文化展示的场所，赋予城市空间一种"博物馆性"。这一思考打破了传统城市设计与博物馆展示设计之间的边界，将文化遗产展示的核心价值融入城市空间的构建中。在当今城市面临文化遗产流失与城市风貌同质化的背景下，这种将城市作为文化展示场所的设计理念，为文化遗产的保护和利用提供了新的思路，也为城市文化形象的塑造带来了新的可能。孔岑蔚通过对城市中"博物馆属性"的分析，将文化遗产展示与城市的历史风貌、文化记忆、艺术活动等紧密联系起来，并从理论与实践的双重层面探讨了如何在城市中应用这一理念。本书并不局限于单一的城市设计理论，而是结合了丰富的城市实例，体现了其对文化遗产保护与展示的深刻思考。

在当下城市设计的讨论中，"博物馆城市"这一理念无疑为我们提供了一种新的解读方式。通过博物馆的视角看待城市空间，可以有效保护和利用文化遗产，还为城市空间的设计提供了更加多元化的思路。孔岑蔚的研究揭示了文化遗产展示在城市文化形成中的核心作用，并提出了一系列设计策略与方法，这为当代城市设计研究提供了重要的研究方向。

我相信《博物馆城市：以文化遗产展示为特征的城市设计》一书的出版，将为城市设计与博物馆研究领域提供新的启示，也为未来的学术研究和实践带来更多的可能性。希望广大读者能够从本书中取得收获，并借助这些思路，推动城市文化与设计的持续发展。

黄建成

中央美术学院教授、博士生导师

目录

引言

　　在当下城市千城一面、城市文化缺失的乱象之中，城市中具有"岁月价值"与"历史痕迹"的文化遗产不断被新的批量性建筑和功能规划所取代，当代城市建筑与城市文化的"同质性"早已代替原有城市中的"历史性"与"纪念性"，已然成为城市风貌的超真实状态。针对城市的现状问题，本书提出了一种基于文化遗产展示的城市理念——"博物馆城市"作为回应。将城市理解为博物馆，意在通过博物馆的视角，将城市空间看作一种可被参观与阅读的"博物馆属性场所"。城市不仅是恒定的物理功能空间，更是一个可被编辑的、具有"博物馆属性"的系统体系。将博物馆与城市相并置，强调的是"博物馆具有的城市文化性"和"城市空间所具有的博物馆性"二者之间的同构可能，形成由"城市"与"博物馆"的二元对立理解，走向一种"博物馆城市"的文化系统理解。作为文化遗产利用的有效手段，展示是基于保护的基础上对文化遗产的有效利用，是传承文化遗产的有效方法。将城市空间作为展示场所，通过博物馆属性的视角来保护、传播城市文化遗产，进而建构起另一种塑造城市文化形象的研究视角。

　　城市中文化遗产的独特性和差异性构成了城市独有的城市文化，众多历史性城市为本书论点提供了合理论据。本研究通过对具有博物馆属性的城市类型分析，将其划分为"历史遗迹""城市整体历史风貌""众多博物馆机构""城市记忆与事件"和"艺术展览活动"五种博物馆城市类型，通过具体城市实例的研究，梳理文化遗产展示在城市文化形成过程中所起到的核心作用，进而归纳城市中文化遗产展示的有效方法。本书试图提出博物馆城市的具体设计原则与策略。基于文化遗产传承的核心目的，提出了"保护性""再利用性""可持续性""公共性"和"差异性"五个具体原则。在具体的设计策略层面，通过"宏观的城市形态""中观的城市空间"和"微观的文化展示"三个层面的构建，确立了与之相应的"旧城遗产意象""博物馆区块""城市空间叙事"三个具体设计策略。本书认为，博物馆城市理念对于当代中国城市形象、城市文化和城市公共教育的建设与发展有着重要的意义。本书整体通过理论研究—实例研究—方法研究的系统论述，以期为当代城市研究提供有益参照。

第一章

绪论

第一节 城市的困境

　　毫无疑问，千城一面的现状是当下中国城市问题的集体缩影。当下中国所面临的千城一面问题，虽透过城市形象与环境规划问题呈现出最终表征，但其问题背后却包含了记忆与传承、破坏与保护、文化与经济等多方面的纠缠与博弈。从城市数据来看，中国城镇化率由 1949 年的 10.64%[1] 增长至 2023 年的 66.16%[2]。在肯定中国城市化发展速度的同时，我们也应当清晰认识到，快速发展的背后仍存在一些亟待解决的问题和挑战。从城市整体来看，至 2021 年末，中国城市数量已达到 691 个[3]，但城市之间的差异性与地域性却在快速的建设浪潮中不断被破坏，以建筑为单位的城市面貌，整体呈现出城市形象的"镜像"状态。除了地理与时空上的差异，大量城市之间已无本质的形象区别。从城市局部来看，随着新城的极速扩张，原有旧城中那些具有"岁月价值"[4]与"历史痕迹"的城市文化遗产不断被新的批量性建筑与功能规划所取代，城市记忆与城市差异性也在盲目的建设浪潮中不断被吞噬。同时，快速城镇化的进程出现了城市形象"片段式"与"局部式"的建设结果。那些具有历史性与节点性的建筑虽然得到保留，但其周围的整体环境与城市肌理却走向了与其毫无关联的另一面。城市面貌已然呈现出城市、记忆与文脉的脱离与失衡。

　　刘易斯·芒福德（Lewis Mumford）在其著作《城市发展史——起源、演变和前景》中指出："城市从一开始就是一种特殊的构造，它专门用来'储存'并'流传'人类文明的成果；这种构造致密而紧凑，足以用最小的空间容纳最多的设施；同时它又能扩大自身的结构，以适应社会发展变化的需求，从而保留不断积累起来的社会遗产。"[5] 芒福德将城市理解为文化的容器，这种容器不仅具有储存的保护性，更具有文化的持续传播性。从

1　中国国家统计局. 改革开放 40 年经济社会发展成就系列报告之二十一 [EB/OL]. (2018-09-18) [2018-12-11]. http://www.stats.gov.cn/ztjc/ztfx/ggkf40n/201809/t20180918_1623598.html.

2　中国国家统计局. 中华人民共和国 2023 年国民经济和社会发展统计公报 [EB/OL]. (2024-02-29) [2024-02-29]. https://www.gov.cn/lianbo/bumen/202402/content_6934935.htm.

3　新型城镇化建设扎实推进 城市发展质量稳步提升——党的十八大以来经济社会发展成就系列报告 [EB/OL]. (2021-09-29) [2021-09-29]. https://www.gov.cn/xinwen/2022-09/29/content_5713626.htm.

4　"岁月价值"的概念由奥地利史学家阿罗斯·李格尔（Alois Riegl, 1858—1905）在 20 世纪初提出。

5　刘易斯·芒福德. 城市发展史——起源、演变和前景 [M]. 宋俊岭, 倪文彦, 译. 北京：中国建筑工业出版社, 2005:14.

城市景观、建筑和纪念碑自身的文化传播，到它们嵌入艺术、文学与电影以及其他叙事文本中的印记，城市中的文化遗产、历史叙事与生活方式，无不诉说着人类历史的文明节点。但在当代城市建设中，城市过分注重对新的城市物质空间的塑造，而忽视了城市中具有非物质属性的文化更新。与具有时代感的当代建筑成就相比，城市中那些仅存的文化景观与历史遗迹，多数处于"失语"状态，虽然依然屹立在城市与场所之中，但除了表象的物质性存在，其背后的历史、叙事与价值，却没有形成较为系统、有效的阐释与展示方式。除了物质性的构筑物，城市中那些故事、人文等文化性的节点与内容始终处于静止状态，城市精神更无从谈起。

城市千城一面与文化展示的困境更体现在当代城市人对城市文脉与城市形象问题的漠视与无感。美国纽约与中国香港那样的高楼组群成为当代中国人对城市的发展期望与审美标准，假古董式的建筑风貌与旅游式的演出活动成为当代人对历史的寄情与既成事实。当代城市建筑与城市文化的"同质性"早已代替原有城市中的"历史性"与"纪念性"，成为当下与未来的"超真实"[6]。

城市形象的趋同与文化展示的困境，绝不是片面的城市"形象问题"，而是由城市发展、文化传播、意识观念等共同构成的"系统性问题"。其解决方式仅靠单一的建筑学科视野与过往经验早已力不从心，当下的城市问题，必然需要在多专业、跨学科、新视角的系统观念下重新思考其研究路径与解决方法。

第二节　城市研究的可能

基于上述问题，本研究试图提出一种具有文化遗产展示特性的城市设计视角——"博物馆城市"。本书的研究范围主要集中在以下三个方面：

6　"超真实"概念源自鲍德里亚的"拟像理论"，指在后现代社会文化中，人们只能通过大众传媒来认知世界，人眼中所看到的真实世界由众多的模式与符号所取代，在信息传媒的影响之下，真实的世界经过从复制、拟像到超真实的序列转变过程，由原有的真实世界而产生的拟像信息代替原有真实信息，走向一种超真实状态。

第一，作为本研究提出的新城市概念，"博物馆城市"的理论建构需明晰其建构思路、核心属性与基本结构。即需要确立"博物馆—城市"概念的具体研究范畴，将博物馆从城市整体系统中提取并与之并置，意在探索博物馆所具有的"文化性"与城市所具有的"博物性"二者之间逻辑的"对等性"。"博物馆城市"即本书提出的一种新的城市概念。基于对"博物馆城市"的概念建立，确立"博物馆城市"概念的具体构成核心与内涵属性。

第二，对世界视野下典型的"博物馆城市"案例进行归类与研究，通过对各城市所呈现的博物馆意象的分析，提供博物馆城市理论得以成立的论据。城市的文化与精神不仅存在于虚构的文本中，更存在于具体的城市物理空间之中，城市因人而建，文化因人而传播、遗产因人而被见证。因此，基于人的视角、对于城市文化遗产空间的体验、阅读与参观的研究是至关重要的。

第三，城市视野下文化遗产展示的具体策略方法研究。策略研究聚焦于人对城市文化最直接感知层面的探讨，基于博物馆城市案例的解读，概括博物馆城市的可创造方式，提出博物馆城市构建的可能性途径，进而确立一种看待城市新的视角的可能性。针对城市文化遗产的传播与展示问题，本书试图提出文化遗产得以展示的具体原则与策略，通过城市的角度，探索人与城市文化的对话与阅读的可能性。同时，因城市研究所涵盖的范围宽泛，城市所涉及的管理与政策性内容并不在本书的研究范围之内。

目前与"博物馆城市"这一概念有关联的研究，主要涉及博物馆与城市的"可融合性"、城市文化遗产的"可展示性"、城市概念的"可创造性"三个面向之中。三个研究层面分别对应了本书研究的三个具体领域：即"城市作为博物馆的研究""文化遗产展示研究"与"已有的城市概念研究"。三个领域的已有研究成果共同构成了本书研究的资料基础，不足之处构成了本书研究的可突破点。

一、"城市作为博物馆"的相关研究

早在 18 世纪，德·昆西（Thomas de Quincey）就曾从批判的角度展开过对城市与博物馆之间关系的辩证论述。针对法国卢浮宫所展出的被掠夺的古罗马文物，德·昆西认为，真正的罗马博物馆不仅仅是由那些可以移动的艺术品组成的，还"至少有许多的场所、地点、群山、菜市场、古道、相邻城镇的位置、地理联系、这些要素相互之间的内在联系、各种记忆、当地的传统、依然流行着的习俗或者在其国度自身之内可以形成的诸神比较等"[7]。德·昆西从城市场所与城市文化整体的角度反观了博物馆这一固有概念的认知，可以看作国外学者较早从城市角度看待博物馆的观点之一。而此观点，则影响了1887年罗马第一份总体规划，时任罗马执政者明确了罗马的城市功能属性："这个城市的功能是作为一个历史已被公认的活的博物馆。"[8]

刘易斯·芒福德在其著作《城市发展史——起源、演变和前景》第十七章第九节"世界城市的文化功能作用"中提出："如果说博物馆的产生和推广主要是由于大城市的缘故，那也意味着，大城市的主要作用之一是它本身也是一个博物馆：历史性城市。"[9]芒福德认为城市天然具有着博物馆的属性与功能，城市对人类历史与文化遗产的保持力、人在场所的聚居带来的文化的整体教育与传达都是现代大都市所不具备的特质。芒福德观点的价值在于从整体性、文化性的角度看待城市问题，而非聚焦在形态或建筑的细节研究上。芒福德认为城市的基本功能在于"流传文化和教育人民"。在作者的论述中，城市实质就是人类的化身。城市从无到有，从简单到复杂，从低级到高级的发展历史反映着人

7　大卫·卡里尔. 博物馆怀疑论 [M]. 丁宁，译. 南京：江苏美术出版社，2017:60-61.
8　安东尼·腾. 世界伟大城市的保护：历史大都会的毁灭与重建 [M]. 郝笑丛，译. 北京：清华大学出版社，2014:279.
9　刘易斯·芒福德. 城市发展史——起源、演变和前景 [M]. 宋俊岭，倪文彦，译. 北京：中国建筑工业出版社，2005:573.

类社会自身同样的发展过程。[10]芒福德将文化进化等同于人类进化的本质，城市在人类文明中承担着最为重要的功能与载体。城市有着"储存文化、流传文化和创造文化"[11]的三个基本使命。芒福德的观点与研究方式也是促成本书写作的重要启示。在芒福德早年的另一部巨著《城市文化》一书中，作者从文化的角度，将城市的内核界定为历史与文明视野下的城市文化结果，芒福德将城市看作人类社会、城市权利和历史文化形成的一种最大限度的汇聚体。城市是"这样一种生活方式，能够把人的生物和社会需求艺术化地综合到一种多元共处和多样化的文化模式之中"[12]。城市的深层本质在于城市的文化，而历史与城市结构使经过历史演进的城市具有"容器"与"磁体"的功能。作者将包括中世纪的城市、近代工业城镇、现代大都会与之对应的文化演进、地域特性、历史遗迹进行了系统论述，其内容涉及城市文化演进、城市历史保护等多个方面。

阿尔多·罗西（Aldo Rossi）在其著作《城市建筑学》一书中同样将城市看作一座博物馆，认为城市是一种实在的建筑体，记载了人类的历史印记，"历史研究似乎可以为有关城市的假设提供最好的例证，因为城市本身就是一座历史博物馆"[13]。罗西同样关注到了城市构成体系中文化与遗产个体与城市整体之间关系的研究，他认为建筑与城市之间存在着一种历史层面类型的互构关系。城市由类型而来，类型不等于建筑实体，而是看不见的客体存在，是建立在城市社会中具有类似性活动的经验实践基础上的形式变体。罗西注重城市中的"主要元素"对于城市形态的形成意义，将城市中那些具有历史性、记忆性的建筑类型置于城市形成中最为关键的位置。而城市中的纪念物则例证了一座城市建筑体的个性。同时，罗西强调了"记忆"之于城市的重要性。认为记忆不仅是城市文化的灵魂，更是城市新的建筑体的起源。

10　刘易斯·芒福德. 城市发展史——起源、演变和前景 [M]. 宋俊岭，倪文彦，译. 北京：中国建筑工业出版社，2005:9.

11　同上 :14.

12　刘易斯·芒福德. 城市文化 [M]. 宋俊岭，李翔宁，周鸣浩，译. 北京：中国建筑工业出版社，2005.

13　阿尔多·罗西. 城市建筑学 [M]. 黄士钧，译. 北京：中国建筑工业出版社，2006:128.

另外，在柯林·罗（Colin Rowe）和弗瑞德·科特（Fred Koetter）所著的《拼贴城市》一书中，"拼贴城市以及时间的再征服"一章辩证地论述了作为一种"美术馆"的城市视角。书中提到："将城市视为博物馆——一个兼具文化凝聚与教育功能的载体，一个通过精心筛选信息而持续输出人文关怀的源泉——这一理念或许在路德维希一世与利奥·冯·克伦策规划的慕尼黑城得到了最充分的体现。这座比德迈风格时期的城市以极其严谨的态度融合了佛罗伦萨、中世纪、拜占庭、罗马和希腊等多元建筑语汇，其密集的参照体系宛如杜兰德《建筑学讲义精要》中密集的插图。尽管这一城市构想看似成熟于 19 世纪 30 年代，其内核实则植根于 19 世纪早期的文化土壤，但迄今尚未有系统研究揭示其深层意义……它可以为当代城市中更加急迫的问题提出一种可行的解决方法。"[14]

德·昆西、刘易斯·芒福德、阿尔多·罗西与柯林·罗四位学者所提出的有关城市与博物馆的论述，构成了本书研究的最初起始点。但是，四位学者未对城市作为博物馆这一问题展开具体的论述与建构，仅停留在简单的论述层面。

国内研究来看，目前聚焦于"城市作为博物馆"这一命题展开的相关研究主要有以下三个方面：

第一，从城市文化角度出发展开的相关研究。国内有关"博物馆"与"城市"的论述可回溯到中华人民共和国成立初期梁思成先生对北京城市发展的设想。早在 1951 年，梁思成先生就在《北京——都市计划的无比杰作》一文中针对苏联诺夫哥罗德城"历史性文物建筑比任何一个城都多"被称为"俄罗斯的博物馆"，提出"怎样建设'中国的博物院'的北京城"[15]。此文是国内较早从文化遗产角度看待城市文化整体的文章。1989 年 6 月，吕济民先生在《基辅历史文化保护区兼博物馆城纪闻》

14 COLIN R, KOETTER F. Collage City[M]. Cambridge, MA: The MIT Press, 1978: 126-136.
15 左川，郑光中. 北京城市规划研究论文集 (1946—1996)[M]. 北京：中国建筑工业出版社，1996:29.

一文中，将乌克兰首都基辅的佩切尔国家历史文化保护区称为"博物馆之城"，这是中国博物馆学者首次提出"博物馆之城"的概念。清华大学建筑学院博士、故宫博物院原院长单霁翔先生是在博物馆学与城市文化交叉研究上取得成果较多的学者之一。他不同于过往学者仅聚焦于城市文化与遗产保护的单一视角，更多地探讨了城市文化遗产保护与城市文化形象建立的相互关系，并从博物馆学的角度提出了众多观点。在其著作《从"馆舍天地"走向"大千世界"关于广义博物馆的思考》[16]中对博物馆的职能属性、存在现状与未来结构进行了全方面的论述，提出博物馆的"广义"理解，认为博物馆是城市文化进步的重要力量，其中涉及博物馆对于城市文化与城市空间方面的意义；在单霁翔的《城市化发展与文化遗产保护》[17]《城市文化与传统文化、地域文化和文化多样性》[18]《从"功能城市"走向"文化城市"》[19]《文化遗产保护与城市文化建设》[20]等著作中，同样从当下城市文化遗产保护、城市文化特色重塑与城市文化理想生活策略的角度出发，探讨从功能城市走向文化城市的发展路径。

第二，从博物馆群角度展开的相关研究。博物馆群落作为一种城市空间状态，近年来引起了众多学者的关注，对本书的论述也产生了重要的借鉴作用。如相关学者通过遗产地中博物馆群的调查与分析，探讨了遗产城市中博物馆群运作的可行模式、城市建设影响以及文化、经济意义，提出"全城保护类""工业遗产类""历史城区类"三种博物馆群的运作模式[21]；有学者提出城市文化的"齿轮效应"概念，认为城市文化的建设不是单一节点式的生长过程，而应是整体性的、互相咬合式的渐进模式[22]。也有学者通过城市博物馆群的现象与模式分析，论述了城市博物馆群的实践策略等[23]。

值得注意的是，近年来，"博物馆之城"作为一种整合博物馆资

16　单霁翔. 从"馆舍天地"走向"大千世界"关于广义博物馆的思考 [M]. 天津：天津大学出版社，2011.

17　单霁翔. 城市化发展与文化遗产保护 [M]. 天津：天津大学出版社，2006.

18　单霁翔. 城市文化与传统文化、地域文化和文化多样性 [J]. 南方文物，2007(2).

19　单霁翔. 从"功能城市"走向"文化城市" [M]. 天津：天津大学出版社，2007.

20　单霁翔. 文化遗产保护与城市文化建设 [M]. 北京：中国建筑工业出版社，2009.

21　傅玉兰. 博物馆群运作模式研究 [D]. 上海：复旦大学，2010.

22　周烨. 文化空间集群与媒介传播 [D]. 杭州：浙江大学，2016.

23　张蕊. 城市博物馆群发展研究 [D]. 开封：河南大学，2011.

源的政策，逐渐被各地城市所重视。2021 年起，国家层面明确提出博物馆之城的相关政策，2021 年 5 月，中央宣传部等九部门联合印发的《关于推进博物馆改革发展的指导意见》中明确提出："探索在文化资源丰厚地区建设'博物馆之城''博物馆小镇'等集群聚落"；2021 年 10 月 28 日，国务院办公厅印发的《"十四五"文物保护和科技创新规划》再次强调："探索在文化资源丰厚地区建设'博物馆之城'。"截止到 2024 年初，我国已有超过 30 个城市启动"博物馆之城"计划，并提出相关政策文件。这些政策从城市政策出发，以城市历史为内容依托，强调"馆城融合"，如北京市政府公布《北京博物馆之城建设发展规划（2023—2035）》，强调根据北京"一核一主一副、两轴多点一区"的城市空间结构，全面梳理北京历史、文化资源的空间结构与特色，挖掘整合北京城市功能与空间发展潜力，打造"全域活态博物馆"，建设博物馆与历史文化遗产相结合的北京老城展陈体系等。

第三，从"泛博物馆"角度展开的研究。近年来，国内部分学者以"泛博物馆"为角度展开了对传统博物馆边界的有益探讨，其研究内容涉及城市文化体系建设、文化遗产保护与利用等众多方面，形成了博物馆学与城市理论的交叉研究。其中涉及以博物馆为塑造目标的"泛博物馆文化体系"建构模式、路径等[24]，当前的"泛博物馆"研究更多的是从博物馆本体为出发点，以博物馆本体概念为参照形成一种"泛博物馆"的概念来尝试阐释，以此形成对城市与社会功能的塑造、城市与社区文化体系的建构等多方面研究内容。虽然"泛博物馆"一词屡次被提及，但现有研究并没有针对"泛博物馆"作出系统的研究阐释，其概念体系与理论架构仍不明确，多数仅作为一种设计策略与观念，"泛博物馆"研究仍停留在"泛泛而谈"的层面。

24　张沛，程芳心，田涛. 西安"泛博物馆"城市文化体系建构研究 [J].
　　规划师，2012(5):107.

二、文化遗产的展示

文化遗产保护与利用，是当代博物馆与城市文化所探讨的核心问题之一，也是当代文化遗产研究所面临的核心问题。作为文化遗产利用的有效手段，展示是基于保护的基础上对文化遗产的有效利用。从过往的研究来看，文化遗产展示研究依托于文化遗产保护的研究基础之上，逐渐成为文化遗产保护的原则与传播策略。

（一）与文化遗产展示相关的国际准则

文化遗产"展示"在当代的探索可以追溯到1956年由联合国教育、科学及文化组织（以下简称：联合国教科文组织）大会所提出的《关于适用于考古发掘的国际原则的建议》（*Recommendation on International Principles Applicable to Archaeological Excavations*），在总则部分的"公众教育"中强调文物主管当局应通过展览、演讲的方式展示经勘探的考古遗址及发现的纪念物，指出："鼓励公众参观这些遗址，各个成员国应作出一切必要安排以便于接近这些遗址。"[25]

在1964年发布的《威尼斯宪章》（*International Charter for the Conservation and Restoration of Monuments and Sites*）中，其"修复"部分指出："文物建筑须以适当的方式清理（Cleared）并展示（Presented）它们"[26]，强调"古迹的保护包含着一定规模环境的保护""古迹不能与其所见证的历史和其产生的环境分离"。《威尼斯宪章》对文物古迹与其环境的保护提出了具体要求，深刻影响了文化遗产的展示观念。

1972年，联合国教科文组织在巴黎举办的第十届全体会议中，会议通过了《保护世界文化和自然遗产公约》（*Convention Concerning the Protection of the World Cultural and Natural Heritage*），其中第四条将展示（Presentation）与遗产认定（Identification）、保护（Protection）、保存（Conservation）、传承（Transmission）规定为国家对世界遗

25　关于适用于考古发掘的国际原则的建议[A]// 联合国教科文组织世界遗产中心，国际古迹遗址理事会，国际文物保护与修复研究中心，中国国家文物局. 国际文化遗产保护文件选编. 北京：文物出版社，2007:41.

26　ICOMOS. International Charter for the Conservation and Restoration of Monuments and Sites(The Venice Charter)[EB/OL]. (1964-05-31)[2018-04-01]. http://www. International. icomos. org/charters/venice_e.pdf.

产应尽的责任，并要求遗产所在国家竭尽全力、最大限度地进行相关工作。[27]

1990年，国际古迹遗址理事会通过的《考古遗产保护与管理宪章》（*Charter for the Protection and Management of the Archaeological Heritage*）则规定了古迹遗产在"展示、信息收集、重建"等方面的程序规则，强调了文化遗产展示对于遗产保护的重要作用。[28]

1999年，澳大利亚国际古迹遗址理事会修订的《巴拉宪章》（*The Burra Charter*）分别提出了"展示"以及与之相近但又有区别的"阐释"的概念，并对遗产"阐释"的内容、方法、目的与价值作出了说明，指出"阐释"是展示某地文化遗产的全部方式。通过文化遗产的阐释与展示，使得文化遗产的意义与价值明晰，明确了"阐释"与"保护"的关系，使"阐释"成为遗产保护的重要组成部分。同年的《国际文化旅游宪章》（*International Cultural Tourism Charter*）是在遗产展示的基础上探讨遗产旅游的重要准则文件。一方面，《国际文化旅游宪章》强调文化遗产展示是文化遗产保护与管理的重要举措，是对文化遗产多样性保护与传播的必要手段；另一方面，《国际文化旅游宪章》强调了文化遗产阐释在文化传播、公众教育、旅游管理、旅游服务等方面所应发挥的作用与效果。该宪章从文化旅游的角度，指出了文化遗产旅游中文化遗产解读与阐释的核心作用，明确了文化遗产展示与文化旅游的重要关联。

2008年，在加拿大魁北克举办的第十六届国际古迹遗址理事会大会上联合国教科文组织通过了《文化遗产阐释与展示宪章》（*The ICOMOS Charter for the Interpretation and Presentation of Culture Heritage Sites*），其中针对遗址阐释（Interpretation）与展示（Presentation）作了详细的定义，使阐释与展示的概念得到了明晰的界定。[29]

27　关于适用于考古发掘的国际原则的建议 [A]// 联合国教科文组织世界遗产中心，国际古迹遗址理事会，国际文物保护与修复研究中心，中国国家文物局. 国际文化遗产保护文件选编. 北京：文物出版社，2007：70-79.

28　ICOMOS. Charter for the Protection and Management of the Archaeological Heritage[EB/OL]. (1990-10) [2018-04-01]. http://www.international.icomos.org/charters/arch_e.pdf.

29　ICOMOS. The ICOMOS Charter for the Interpretation and Presentation of Culture Heritage Sites[EB/OL]. (2018-10) [2018-04-01]. http://www.inter-national.icomos.org/charters/interpretation-e.pdf.

阐释：指一切可能的、旨在提高公众意识、增进公众对文化遗产地理解的活动。这些可包含印刷品和电子出版物、公共讲座、现场及场外设施、教育项目、社区活动，以及对阐释过程本身的持续研究、培训和评估。

展示：指在文化遗产地通过对阐释信息的安排、直接的接触，以及展示设施等有计划地传播阐释内容。可通过各种技术手段传达信息，包括（但不限于）信息板、博物馆展览、精心设计的游览路线、讲座和参观讲解、多媒体应用和网站等。

阐释性基础设施：指物理装置、设备以及在一处文化遗产地区域内或与之相连的区域，这处遗产地可以被特别用于阐释与展示的目的，包括通过新的技术进行的展示支持。

大会同时通过了《关于文化线路的国际古迹遗址理事会宪章》（*ICOMOS Charter on Cultural Routes*），指出文化线路与之相关的基础设施、旅游活动与展览等需要当地政府与相关部门进行协调与整合，使之真实而完整地传达给游客。

除了针对"文化遗产展示"的描述，众多国际准则文件中同时将具有历史意义的城市景观作为"保护"与"展示"的核心对象，如 1976 年发布的《联合国教科文组织关于历史地区的保护及其当代作用的建议》（*Recommendation Concerning the Safeguarding and Contemporary Role of Historic Areas*）、1982 年国际古迹遗址理事会与国际历史园林委员会的《佛罗伦萨宪章》（*The Florence Charter*）、1987 年的国际古迹遗址理事会的《华盛顿宪章》（*Charter for the Conservation of Historic Towns and Urban Areas*）、1994 年的《奈良真实性文件》（*Nara Document on Authenticity*）、2005 年在奥地利维也纳召开的"世界遗产与当代建筑：管理具有历史意义的城市景观"国际会议上通过的《维也纳备忘录》（*Vienna Memorandum*）等。[30] 在国内发布的文化遗产展示的

30　关于适用于考古发掘的国际原则的建议 [A]// 联合国教科文组织世界遗产中心，国际古迹遗址理事会，国际文物保护与修复研究中心，中国国家文物局 . 国际文化遗产保护文件选编 . 北京：文物出版社，2007:331.

相关准则文件有 2006 年的《绍兴宣言》、2007 年的《北京文件》等。

（二）文化遗产展示的相关研究

在国外研究方面，劳拉·简·史密森（Laura Jane Smithson）主编的《文化遗产：有关媒介和文化研究的重要概念》一书汇集了众多与文化遗产相关的研究内容，其中涉及文化遗产阐释与展示的内容为本书提供了重要研究基础。弗里曼·提尔顿（Freeman Tilden）于 1957 年出版的《阐释我们的遗产》一书中最早提出了与文化遗产"展示"概念相近的"阐释"概念，强调阐释对于文化遗产传播的众多价值与意义，并总结了文化遗产阐释的相关原则，为日后的文化遗产展示研究奠定了理论基础。大卫·尤塞尔（David Uzzell）的《遗产阐释》[31] 一书是有关遗产阐释的重要著作，同样提出了遗产阐释的相关概念与原则；贝拉·迪克斯（Bella Dicks）的《被展示的文化：当代"可参观性"的生产》[32] 一书将城市看作一个可供参观的去处。迪克斯认为"可参观性"（Visitability）是构建当代城市文化的重要策略。与城市文化相应的场所要具备可参观性，就要通过城市中的博物馆、公共空间、公园等场所提供一定的文化展示。迪克斯试图探讨这些展示内容如何在社会、经济和政治等城市相关因素中形成，并提出了"什么构成了城市文化"。

国内有关文化遗产展示的研究多以论文为主，如中南大学刘乃芳的博士论文《城市叙事空间理论及其方法研究》[33] 将叙事学介入到城市空间中，认为城市空间是一个进行文化叙事的场所，而叙事的内核则来自于城市自身的文化与历史，城市空间本身即讲故事的空间。齐昊晨的论文《德国建筑遗产的保护与展示方法研究》[34] 聚焦于德国建筑遗产的保护和展示方法，通过对德国建筑遗产保护与展示相关的观念、法律、技术、教育等多方面的讨论，总结了德国文化遗产保护与展示的特点与方法。于云龙在《遗产与传播——传播学理念下的建筑遗产保护》[35] 一文

31　UZZELL D.Heritage Interpretation[M].London:Belhaven Press,1989.

32　贝拉·迪克斯. 被展示的文化：当代"可参观性"的生产 [M]. 冯悦，译. 北京：北京大学出版社 ,2012.

33　刘乃芳. 城市叙事空间理论及其方法研究 [D]. 长沙：中南大学 ,2012.

34　齐昊晨. 德国建筑遗产的保护与展示方法研究 [D]. 西安：西安建筑科技大学 ,2015.

35　于云龙. 遗产与传播——传播学理念下的建筑遗产保护 [D]. 重庆：重庆大学 ,2015.

中通过传播学的视角探讨了建筑遗产的保护与再利用，指出建筑遗产保护与再利用的实质为遗产信息整理与传播的过程。丛桂芹在《价值建构与阐释——基于传播理念的文化遗产保护》[36]一文中指出文化遗产保护是"价值编码"与"价值译码"的过程，指出传播理念对文化遗产保护的重要性，分析了如何建构及传播文化遗产的具体过程与方法。卜琳的论文《中国文化遗产展示体系研究》[37]通过对中外文化遗产诠释与展示的相关概念、现状、方法与问题的研究，初步尝试了对中国文化遗产展示体系的构建可能。其中涉及众多文化遗产展示的概念与现状分析，为本书提供了有益参考。

三、当前已有的城市概念

针对城市发展过程中所出现的众多问题，不同时期的研究者都提出了相应的理想城市概念或相应的城市理论作为具体回应，城市理论所具备的持续不断的创造性，也是本书试图建立博物馆城市这一概念的历史依据。

从历史发展来看，早在公元前的雅典城邦时期，柏拉图（Plato）在其著作《理想国》中构建了西方文化中最早的理想城邦形象。柏拉图以理想的城邦作为原型，将正义贯穿于对理想城市的探讨之中，书籍以对话录为叙述形式，涉及理想城邦的家庭、民主、婚姻、政治、道德、教育等多个方面，形成对乌托邦城市整体性、综合性的阐释。[38]柏拉图的《理想国》中呈现的虽不是一个具有着详细形态的城市原型，但提供的是一种特定时代视角下的理想与理念。

16世纪，英国空想社会主义学思想家托马斯·莫尔（Thomas More）在《乌托邦》[39]一书中设想了一位旅者拉斐尔的所见所闻与摩尔对理想国家的空想描述。摩尔认为乌托邦需要具备一套完备的民主政

36　丛桂芹. 价值建构与阐释——基于传播理念的文化遗产保护 [D]. 北京：清华大学，2013.
37　卜琳. 中国文化遗产展示体系研究 [D]. 西安：西北大学，2012.
38　王耀武. 西方城市乌托邦思想与实践研究 [M]. 北京：中国建筑工业出版社，2012:18.
39　《乌托邦》一书全名为《关于最完美的国家制度和乌托邦新岛的既有益又有趣的金书》，出版于1516年。语言为拉丁语。乌即"没有"，托帮即"场所""地方"，不存在于现实的场所与地方，是空想社会主义的代名词。

治制度、公有制的社会经济制度、以科学与文化为主体的教育制度以及适合人居住、娱乐的理想生活方式。其中涉及城市相关的宗教、行政、法律、经济、医疗、劳作、文化、婚姻等多方面乌托邦式的猜想与期望。在 16 世纪欧洲地理大发现、资本与殖民主义扩展的时代背景下，基于现实的批判与对理想的憧憬，莫尔笔下的《乌托邦》呈现了一幅空想的社会主义存在图景，使乌托邦成为一座没有具体形象的理想之城。而基于文本的虚构与语言学的描述城市方式，深刻地影响了日后针对城市理论的相关研究。随后到来的工业革命改变了人们传统的生活方式与居住方式，随之带来的城市问题也成为新的城市研究所探讨的对象。

1898 年，埃比尼泽·霍华德（Ebenezer Howard）在其著作《明日——真正改革的和平之路》中提出了"田园城市"的城市概念。针对工业革命所带来的一系列城市问题，霍华德将其聚焦在城市—乡村两者的一体性关系、人口密度、结构、土地政策与可循环利用等问题上，提出了具有"磁体"效应一般的城市规划与类型方案，深刻地影响了 20 世纪城市规划的设计思想，推动了城市规划与城市设计的分离[40]。

1901 年，法国青年建筑师托尼·加涅（Tony Garnier）从工业与城市的共同发展出发，提出了"工业城市"的城市方案。通过城市中功能的明确划分，满足城市工业生产与日常生活的需求。

1922 年，勒·柯布西耶（Le Corbusier）提出了针对城市扩展与交通拥堵的城市原型——"光辉城市"（Radiant City），通过对 20 世纪城市发展规律与问题的研究，提出高密度的建筑设计与高效率交通规划的城市规划原则。

1932 年，美国建筑师弗兰克·劳埃德·赖特（Frank Lloyd Wright）在其著作《宽阔的田地》中提出了"广亩城市"（Broadacre City）的概念，

40　王伟强. 城市设计导论 [M]. 北京：中国建筑工业出版社,2019:3.

他认为工业生产与交通方式的改变将会催生新的城市类型，建筑的功能被"分散"在城市中，居住的功能则由庄园式的生活所代替。

20 世纪 50 年代以后，随着战后经济复苏与城市建设的复兴，与人相关的生活和宜居问题成为全球最为关注的焦点。杜尔（Leonard J.Duhl）提出了"病态城市"（Sick City）的概念，提出当代城市人口膨胀与环境恶化所带来的一系列城市问题，并提出了策略构架。

1970 年，英国历史学家汤因比（Arnold Joseph Toynbee）在《城市的命运》一书中提出"机械化城市"（Mechanised City），作为对后工业化时代城市喧闹与肮脏的讽刺，指出被机械化的城市是无心灵的，城市机械化程度越高，人们的满足感越空洞。[41]

1972 年，世界环境与发展委员会（World Commission on Environment and Development，简称 WCED）在《我们共同的未来》报告中首次使用了可持续发展的概念，与城市相关的"可持续性"问题进入人们的讨论视野；1989 年，联合国人居署（UN-HABITAT）开始在全球推行"联合国人居环境奖"（The Habitat Scroll of Honour Award），用以奖励对世界人居有推动作用的政府组织、个人或项目，"宜居城市"（Habitable City）的概念开始在全球得到推广。

1991 年，第一届世界遗产城市会议由世界遗产城市组织（Organization of World Heritage Cities，简称 OWHC）在加拿大魁北克发起，并于 1993 年在摩洛哥菲斯成立世界遗产城市联盟。"世界遗产城市"（World Heritage Cities）关注世界文化遗产的保护与发展，将世界文化遗产作为遗产城市的评判标准，并制定了具体的评判体系。

1996 年，在土耳其伊斯坦布尔召开的第二届联合国人类住区会议上首次出现"可持续城市"（Sustainable City）的官方提法。随后，2000 年的联合国千年首脑会议、2002 年的可持续发展世界首脑会议，

41　TOYNBEE A.Cities of Destiny[M]. New York: Mcgraw-Hill Book Company, 1967:26-28.

将城市可持续发展运动推向了顶峰。[42]

2003 年，英国政府在其能源白皮书《我们能源的未来：创建低碳经济》中首次提出了"低碳经济"的概念。与之对应的"低碳城市"（Low-Carbon City）概念随之被关注。

2005 年，城市学者查尔斯·兰德利（Charles Landry）提出了"创意城市"（Creative City）的概念，指出"创意"在城市复兴中发挥的核心作用。而其中的关键在于城市的创意基础、创意环境和文化因素。

2014 年，中国《住房和城乡建设部城市建设司 2014 年工作要点》中明确："督促各地加快雨污分流改造，提高城市排水防涝水平，大力推行低影响开发建设模式，加快研究建设海绵型城市的政策措施"。"海绵城市"的概念进入人们的视野。海绵城市一方面比喻城市的某种吸附功能，例如经济、活力等；另一方面更指城市中土地环境保护与雨涝调蓄能力。

除此之外，还涌现出了"创新城市""智慧城市""枢纽城市""故事城市"[43]"暂居城市"[44]"新遗产城市"[45]等众多新的城市概念。城市作为一个不断创造的概念，在不同时期有着不同的创造可能。众多城市概念从城市问题出发，通过概念的设定来提出具体的城市策略与应对模式。而当下城市千城一面与城市文化展示的困境所带来的一系列问题，为新的城市概念的提出提供了新的可能性。

四、研究现状

在城市研究这个复杂的题域之中，"城市""博物馆"与"文化遗产"三者绝不是各自独立、相互隔离的领域。城市作为一种不断阐释与构建的概念，需要城市研究者在不同时代视野下重新反观予以建构。基

42　高莉洁，崔胜辉，郭青海，等．关于可持续城市研究的认知 [J]．地理科学进展，2010（10）：1209.

43　郭龙．故事城市——基于记忆、文脉与阅读的城市研究 [D]．北京：中央美术学院，2015.

44　雷大海．暂居城市——一个探讨当代城市发展趋势的新角度 [D]．北京：中央美术学院，2014.

45　李玉峰．新遗产城市——世纪遗产观念下的新城市类型研究 [D]．北京：中央美术学院，2010.

于对当下研究现状的分析，可以总结出以下不足与可突破点：

第一，虽众多学者关注到了"博物馆"对于文化遗产传播、研究、保护的重要意义，但现有研究基本停留在对过往"博物馆"与"城市"已有的概念认知当中，多数研究基本是从"博物馆"与"城市"两者二元独立的角度展开论述其相互意义，而忽视了博物馆"城市文化性"与城市"博物馆性"两者之间的"逻辑对等性"与"建构相通性"。

第二，目前针对博物馆城市这一课题的研究虽有一些相关的论述，但研究数量较少，论述较为浅层。一方面，"城市是博物馆"来自人面对城市文化遗产而产生的感性思绪表达之中，但这种感性的思绪并不会以理性、系统的逻辑加以分析，更多地停留在语言表达层面；另一方面，在城市与博物馆学的具体研究领域，众多学者虽对"城市是博物馆"这一概念作出过相应的论述，但众多学者对此问题只是点到为止，多从短文角度展开浅析，并没有针对城市作为博物馆这一可能作出具体的论述与相应的内涵解读。

第三，现有的研究虽然丰富了城市理论与设计的维度，但是从文化遗产展示的角度来审视城市文化具体传播方法的理论仍有待补充。

城市作为一个不断创造的概念，是城市研究的核心问题之一，如何在当代城市问题下重新探讨新的城市可能，进而提出新的城市研究概念，则需要新的研究视角与建构策略。而作为储存城市文化的博物馆所具有的"城市文化性"，与保护、传播人类文化的城市所具有的"博物馆性"之间的交叉部分，正是本书着力研究并建构相关理论的突破基点。基于上述研究，本书试图提出博物馆城市这一城市概念，通过博物馆学理论、城市理论与文化遗产展示三者的交叉研究，为城市发展提供新的视角与可能。

第三节　本书结构

正如芒福德所言:"如果说博物馆的产生和推广主要是由于大城市的缘故,那也意味着,大城市的主要作用之一是它本身也就是一个博物馆:历史性城市。"[46] 将博物馆与城市做并置,并非简单地模糊博物馆与城市的边界与概念,形成简单的组合结果。更不是将狭义的博物馆作为解决方式盲目地植入城市之中,形成"博物馆保护"的城市设想。芒福德所谈的博物馆聚焦在一种城市结果:历史性城市,城市本身之所以可以比拟为一座博物馆,在于其自身的历史系统与生长架构。对于任何一座城市来说,历史时空所形成的城市痕迹与城市内涵都是唯一的。其中包含了建筑之于城市、文化之于历史、记忆之于文本、展示之于叙事等多层面的意义探讨。博物馆城市正是对当代城市文化遗产消失与记忆缺失的正面回应,通过博物馆的视角来理解城市文化的内涵与外延,建立起一个阅读城市与参观城市的新方式,继而成为理解、探讨城市新的视角与可能。

不同于以往以功能性与建筑结果为导向的城市研究,博物馆城市通过历史观的阅读与思考,重新发现博物馆与城市两者之间价值的"交叉性"与"共同性"、空间的"局部性"与"系统性"。破解千城一面的城市形象困境,找到重塑城市特色文化的密码。通过博物馆的视角与解决方式,使"博物馆"和"城市"两个不具有同一属性、层级的概念,契合为一个可被探寻的城市体系:一种可能的城市研究视角。

本书整体分为理论建构、实例研究、方法研究三个板块:

针对当代城市问题现状,本书第二章首先从城市与博物馆二者的理论辨析入手,提出一种看待城市与博物馆两者概念的不同视角。通过"视野""思维""生成"三个思考维度,提出由"博物馆"与"城市"二

46　刘易斯·芒福德. 城市发展史——起源、演变和前景 [M]. 宋俊岭,
　　倪文彦,译. 北京:中国建筑工业出版社,2005:573.

元独立走向"博物馆城市"系统概念的可生成路径。通过建立博物馆城市的两大构成核心（文化遗产、城市空间展示）与三大内涵属性（博物馆性、可叙事性、可参观性），建立起本书的理论基础。

在第三章中，通过世界范围内具有博物馆属性城市的实例剖析，审视当今世界上具有博物馆属性城市的典型案例，来例证博物馆城市提出的自洽性与合理性。通过不同类型的分类来剖析各城市得以成为博物馆属性城市的自变量与因变量，继而发掘博物馆城市的建构方法与可能。本章将博物馆城市分为"历史遗迹""城市整体历史风貌""众多博物馆机构""城市记忆与事件""艺术展览活动"五种类型展开论述，通过世界视野中代表性城市的分析与研究，探讨文化遗产展示在其城市空间与城市发展中的核心作用，审视其成为具有博物馆属性城市的具体设计方法。

第四章是本书的核心部分，基于第三章中对代表性博物馆城市生成的方法认知，提出博物馆城市具体的设计原则与策略。设计原则是指导准则，设计策略是具体方法。通过"宏观的城市形态""中观的城市空间""微观的文化展示"三个角度形成由整体到局部的设计结构，归纳出博物馆城市可创造的具体方法。

第五章将研究视角聚焦中国本土的城市问题，探讨"博物馆城市"这一城市研究视角对于中国当下城市建设的价值，以此确立博物馆城市这一研究视角的现实意义。

第二章

博物馆城市的理论构建

如果说博物馆的产生和推广主要是由于大城市的缘故，那也意味着，大城市的主要作用之一是它本身也是一个博物馆：历史性城市。凭它本身的条件，由于它历史悠久，巨大而丰富，比任何的地方保留着更多、更大的文化标本珍品。人类的每一种功能作用，人类相互交往中的每一种实验，每一项技术上的进展，规划建筑方面的每一种风格形式，所有这些，都可以在它拥挤的市中心区找到。[47]

——刘易斯·芒福德《城市发展史——起源、演变和前景》

历史研究似乎可以为有关城市的假设提供最好的例证，因为城市本身就是一座历史博物馆。[48]

——阿尔多·罗西《城市建筑学》

作为当代城市理论研究的两大理论巨匠，刘易斯·芒福德与阿尔多·罗西都不约而同地将城市的身份指向了作为其子系统的组成部分——博物馆。从直观的概念来理解博物馆是建筑，而城市则是建筑集合所形成的场所。博物馆与城市之间是点与系统的概念区别，博物馆如何与城市相提并论？但在两位理论家眼中，看似两个不同层级的概念却隐含了两者概念中众多的文明交集与历史纠缠。在文字的描述中，芒福德与罗西将"城市"与"博物馆"同时指向了两者共同的属性交集——"历史"。正如芒福德所言："如果我们要为城市生活奠定新的基础，我们就必须明白城市的历史性质。"[49]无论是城市还是博物馆，其存在的动因与作用都具有储存历史与传播文明的属性，芒福德与罗西所谈的"城市是博物馆"，可以理解为"城市"与"博物馆"在历史与文明

47　刘易斯·芒福德.城市发展史——起源、演变和前景 [M].宋俊岭，倪文彦，译.北京：中国建筑工业出版社,2005:573.
48　阿尔多·罗西.城市建筑学 [M].黄士钧，译.北京：中国建筑工业出版社,2006:128.
49　刘易斯·芒福德.城市发展史——起源、演变和前景 [M].宋俊岭，倪文彦，译.北京：中国建筑工业出版社,2005:1.

进程之中的一种共通性与交织性。而语言描述中城市与博物馆之间的"历史结构"，使两者成为有关历史"能指"与"所指"的相互依存条件。城市是人类历史发展的见证，而博物馆是人类历史的储存器。在此基础上，我们可以把博物馆与城市相互理解为对方的"同我"（Alter Ego）。因此，基于城市与博物馆之于人类文明最根本的历史意义，使得博物馆城市的探讨实则是关乎人类历史文明的保存、传播等核心问题。同时，将当代城市置于"历史"与"文明"的角度来重新审视，也是对城市的历史回溯与当代批判。

第一节 "博物馆"与"城市"的再解读

"博物馆城市"一词的建构需诠释清楚两个关键问题：一是何为"城市"？当代语汇下的城市本身已是一个复杂的概念，城市所呈现的众多结果与意义早已使城市脱离其原有语言概念中的"城市"两个字，走向了另一种不可用单一语言概括的、千变万化的"非城市"现状。从城市概念的可描述性、文明的空间集合性与文化的系统差异性三个理解面向下有着更加多元的解读可能。二是何为"博物馆"？如今博物馆已是一个明晰的概念，当代博物馆学的发展已使博物馆狭义的概念逐渐走向广义化。博物馆的当代概念应当如何解读？其之于城市，又将具有怎样的意义？本节通过对"城市"与"博物馆"两组概念的诠释，回溯其概念意义，找到博物馆城市概念的形成基点。

一、城市的再解读

（一）城市二字在东西方语境下有着不同的意义、内涵

从语言表述来看，"城市"二字是一种可被描述的概念。城市由"城"

与"市"两个字组成。城，即都邑四周的墙垣，在古汉语中，"城"与"国"两字意义相通，一城即一国。《礼记·礼运》记载："城郭沟池以为固"。《管子·度地》记载："内为之城，城外为之郭"。《谷梁传·隐公七年》记载："城为保民为之也"。市，则为集市。《说文》解释为"市，买卖所之也"。《易·系辞》记载："日中为市，致天下之民，聚天下之货，交易而退，各得其所"，在以农耕活动为特征的古代中国，城为防御之界、市为交易之所。

在西方语境中，对城市一词的解读，可以回溯到古希腊时期的城邦（Polis）一词。在英语的释义中，"Polis"被理解为城市国家与公民的集合，其中以古希腊与古罗马城邦为代表。例如古希腊城邦（如雅典、斯巴达）、迦南的腓尼基城邦（如推罗、西顿）、中部美洲的玛雅城邦、丝绸之路上的古城（如撒马尔罕、布哈拉）、东非城邦（如基尔瓦、马林迪）和意大利城邦（如佛罗伦萨、威尼斯）等。从英语的词根看，作为具有城市原型面向的"Polis"一词衍生出了众多与城市相关的现代英语词汇，例如 Policy（政策）、Polity（政体、政治组织、国体）、Police（警察、监督）、Politics（政治学）等。同时，大量的英语词汇后缀中也通过架构"-Polis"来指代一些特殊的城市概念。例如"Megalopolis"（大都市，其中 Megalo 在希腊语中具有"巨大性"的含义）、"Metropolis"（大都市，其中 Metro 在希腊语中有"母性"的含义）、Acropolis（卫城，解释为高城，作为城邦的一部分，通常安置主要的神庙）、Tripolis（城邦或城市组成的联合体或联盟）等。Polis 起源于古希腊城邦，兴盛于古罗马时代，城邦所蕴含的民主政体被古罗马人视为"Civitas"（公社、公民身份），其后拉丁语系中被演化为"City"，城市居民被称为"Citizen"。

城市的另一个词汇"Urban"，则来自于拉丁语系中具有城市含义的另一词根"Urb"，其可回溯到古希腊时期的 Oikos（The House），古罗马时期称之为"Urbs"，Urbs 在古罗马语境下具有扩张与延展的政治与历史含义，而扩张的方式则是战争与建筑，表现为住宅的扩张与疆土的无限延展。其后更延伸出"Urbanus"（城市的）与"Urbanization"（城市化）。在塞尔达于 1867 年为巴塞罗那所做的城市规划中可以看出其扩张的结果与旧城的关系。因此，Urban 一词面向的是地域与城市空间化的关系，即城市空间的延展问题，可以将其理解为一种动态的过程。City 则讨论的是人与城市关系，即城市人的权利与身份问题，可以将其理解为趋于静态的复合结构。由 Urban 演化而来的 City 的概念不仅涉及城市的物质属性，其本身更包含了政治、文化、经济等多方面问题。

从城市研究的历史来看，作为一种不断被描述与概念赋予的对象，"城市"二字的内涵一直处于动态的发展过程之中，尤其围绕"City"一词出现了众多的城市理论与概念类型，例如 Garden City（田园城市）、Broadacre City（广亩城市）、Radiant City（光辉城市）、Heritage City（遗产城市）等。众多城市理论从城市问题与理想的可能性入手，进而提出城市的概念延伸。城市概念在不断扩展的同时，更丰富着城市自身的属性面向。因此，针对城市的解读是没有边界的，不同时代所赋予的不同视野，为城市的内涵解读与研究提供了不同的可能。

（二）城市可以理解为一种人类文明的空间集合

从城市空间上看，由"自组织"与"他组织"共同建构的城市由一系列不同属性的空间组成，政府的管理机构、交易的集市、教育机构等多种属性空间集合为一种空间共同体，而复杂多变的地理环境、经济条件、社会状态、人口数量、交通方式等都会影响城市的选址、边界、结构与肌理，进而影响城市的真实形态格局。因此，城市空间的建筑现象更多是一种表象结果，而城市所具有的历史、社会、经济、环境和体制属性则是城市内容深层结构。就其实质内涵而言，城市是一种复杂的人类政治、经济、社会、文化活动在历史发展过程中交织作用的物化，是在特定的建设环境下，人类活动和自然因素相互作用的综合反映，是技术能力与功能要求在空间上的具体表现。[50] 人在城市之先，若基于人的视角来审视城市空间，我们可以将城市中空间的类型与城市现状理解为城市人的活动投影，它投射出了人类从农耕与商业的古代文明到近现代的工业革命，再到当代的资本与信息社会所呈现的空间结果，并集中体现在城市的历史文化遗产之中。在这个持续的投影过程中，城市空间既体现着人类文明创造的丰富性与多样性，又不断催生、供给着人类新的文明与活动行为。城市人眼中的城市空间不仅是当下的事实，更是一部文明视野下的历史"演进过程"，它存在于在城市空间的生成过程之中，通过两种组织方式："自组织"与"他组织"，分别指向了城市空间中的不同属性结构。同时受限于城市发展的特殊性，城市空间在环境、历史、资本、人为观念等客观因素影响下，进而生成不同的空间集合与生成结果，它体现在城市的形态、空间组合、街道肌理、建筑形制与具体的空间类型之中。因此，对城市空间所体现"演进过程"的探讨，实则是城市空间"生成过程"的探讨，它包含了城市过去历史与当下生活的博弈。正如列斐伏尔（Henri Lefebvre）反对简单地把城市理解为文本性再现与超验的空间结果。空间既是政治的，又是可生产的。它存在于城市的不断变换的模式、功能、形式和资本循环之间。[51] 城市的空间既是一种文明事实，更是基于人类文明视野之下，一种可生产的、可被创造的文明过程。人所创造的城市文化，也随着人的意志而不断发生着改变。在城市与人相互塑造的过程中，城市对文化呈现出"有控"与"失控"两种方向。一方面，城市由人的主观意志所建造，城市的可视空间

50　段进.城市空间发展论[M].南京：江苏凤凰科学技术出版社,2015:53.
51　LEFEBVRE H.Everyday Life In The Modern World[M]. London:Tr. Sacha Rabinovitch, 1971.

与文化内涵都在人的主观意志控制之下，呈现出与地域环境、人的意志相关联的城市结果；另一方面，将城市放置在较为宏观的历史角度来看，城市同时存在着众多不以人的意志为转移的预设结果，换言之，城市是历史的遗产，当下的城市人自身受不可预测的预置历史的影响，人生活在城市之中，更生活在历史之中，进而成为城市这个历史集合的接受者与推进者。从这个角度来看，城市不再是一个简单的地理学概念，而是一个包含了历史属性的文化概念：一种历史汇集的文化场所。

（三）城市可以被理解为人类文化活动的横纵网格结构，是一种具有差异性的文化系统

刘易斯·芒福德指出："城市的定义不应局限于其人口规模和密度，或者是建筑建成环境的特点；相反，城市的人文意义是其根本。"[52] 从文化的视角来看，人是城市的核心。人所产生的语言、器物、建筑、绘画、习俗等文化遗产构成了城市文化的核心。从城市文化的视野来看，城市所孕育的文化遗产成为城市文化得以形成的坐标节点，这些坐标节点相互影响与联系，组成一幅不断横向成长、众多类型交织的矩阵结构。同时，受人类自身历史发展过程与结果影响，这些坐标点呈现出纵向高低起伏、不同形态的历史轨迹。横向的类型与纵向的形态，构成既有类型又有形态的立体网格结构。这种网格结构因文化节点而组织，包裹了一座城市乃至相关地域的文明进程结果，而每座城市因节点类型与历史发展轨迹不同，呈现出不同的城市文化面貌。从这个角度来理解，城市的网格结构具有异质现象，与城市的历史一样，异质性一直存在于城市的发展之中。亚里士多德（Aristotle）曾提出"城市是由不同的人组成，相似的人组成的城市是不存在的"的观点。路易斯·沃斯（Louis Wirth）认为城市由巨大的人口规模、高人口密度、社会的异质性三者组成，而社会学的实地调查正是基于城市的异质性而展开。因此，由异

---

52 刘易斯·芒福德. 城市发展史——起源、演变和前景 [M]. 宋俊岭，
    倪文彦，译. 北京：中国建筑工业出版社，2005.

质性催生的城市，既是人类多元性的催化剂，又是一副具有"间距性"的异质网格结果。而将单个城市网格作为单位，放置于宏观的全球角度来审视，城市的这种异质性特点同样是极为重要的。这也是当今城市趋同批判的主要问题。将城市理解为一种文化性的网格结构，意在脱离原有城市空间的物质性与环境的地理性的刻板解读，走向一种抽象性与文化簇群的理解，进而发现新的城市可能。因此，对城市的理解需要重新审视这张网格结构的"异质性""生长性"与"结构性"。

二、作为一种"概念"的博物馆

（一）博物馆是一个不断演变的"文化场所"

无论在中国还是在西方，博物馆的历史都源远流长。但古代历史中的"Museum"一词，却和现在带有"馆"字的博物馆概念有着是物非物、似像非像的不同。初期，博物馆被理解为一种"收藏的容器"，而人类最早有记载的"收藏意识"可以回溯到美索不达米亚所找到的两千多年前古教学资料的拷贝收藏。后续这种"容器"以"珍宝室"的方式存在。在古希腊时期雅典的神庙与其他城邦的建筑中，都有珍宝室的设置。公元前 290 年左右，托勒密（Ptolemy）国王于亚历山大港东边建设了用于保护、传授艺术及知识的缪斯神庙（Mouseion），他的儿子托勒密二世（Ptolemy II）再度扩建神庙，使之成为希腊文化理想的研究与学习场所，供学者与艺术家在此工作。扩建后的缪斯神庙体积庞大，包含供研究者居住的住所、学习与工作的空间、一个天文台与天文医院、一个半圆形的竞技场、一个植物园与动物园、一个图书馆。作为国家支持的文化与科学机构，缪斯神庙类似于现代的大学或哲学院，许多伟大的学者，如欧几里得（Euclid）、阿基米德（Archimedes）、阿波罗尼奥斯（Apollonius）和埃拉托色尼（Eratosthenes），都曾在此从事学术研究。尽管缪斯神庙如今已不复存在，但"Mouseion"这一名称传入英国，逐渐演变成现代博物馆的"museum"一词。缪斯神庙因此成为博物馆的象征，深刻影响了博物馆文化的发展。

公元前 2 世纪之后，随着罗马对希腊的征服，大量的希腊文物进入罗马，而对希腊文化与原件文物的掠夺、收藏与模仿，成为罗马政治上的策略——即将欧洲中心由希腊向罗马的强制转移。罗马人在城市各处把从希腊掠夺来的艺术品如战利品般公开地展示。除了希腊艺术品，被罗马所掠夺的埃及方尖碑也成为被展示的对象，奥古斯都下令将埃及方尖碑从被征服的埃及运送至罗马（现意大利总计 13 块，其中 8 块在罗马），以显示罗马文明的伟大，而安置方尖碑的广场则成为城市道路的交会中心，与教堂共同影响了罗马的城市肌理。城市成为被掠夺珍宝的展示场，也成为最大体量的珍宝室，因此，我们可以将罗马理解为一个超大体量的博物馆，它是政策导向下的艺术与文明的传播容器。而现代与当代所谈的博物馆则是文艺复兴时期所催生的概念。文艺复兴时期提出对古希腊与古罗马艺术的追溯，一方面追寻人与艺术的关系，另一方面则是对自然世界的追寻。文艺复兴的整体社会环境产生了为作研究而出现的收藏，其中包括了对希腊与罗马艺术的系统梳理、对自然与历史收藏的重视等，进而催生了现代绘画、雕塑的展览形式。随着 15 世纪新航线的开辟与美洲新大陆的发现，更多的奇珍异宝进入欧洲大陆贵族的珍宝室，其中包括佛罗伦萨的美第奇（Medici）家族、英国的约翰·索恩（John Soane）等，使得近代博物馆的概念日益成熟。随着 1682 年英国阿什莫林艺术与考古博物馆对公众的开放，近代博物馆的概念与体制得以正式地明确。文艺复兴之后的启蒙运动（17～18 世纪）则强调科学与文化，强调自由、民主与平等。欧洲逐渐出现了一批重要的博物馆，例如维也纳自然历史博物馆（1748 年）、威尼斯艺术学院美术馆

（1750 年）、伦敦不列颠博物馆（1753 年）等 [53]。1789 年，在法国大革命的推动下，以卢浮宫为代表的皇室收藏品得以对公众开放。1792 年，法国公共教育委员会向国民议会提出的《关于普遍建立公共教育的报告及法律草案》中，明确提出"更加完善的图书馆，拥有更加广泛资料的博物标本室，更大规模的植物园、药园等，也都是教育的方式"。[54] 公众强调文物的天然公众性与政治上的独立性，与之带来的影响是欧洲众多皇室逐渐拿出自己的历史收藏品与公众分享，进而强调历史文物之于大众所具有的民主、平等的社会观念。法国大革命使博物馆由权利性与私人性转向为公众服务的存在属性，进而使博物馆成为社会教育的组成部分。19 世纪，随着细胞学说、达尔文进化论、电磁学说的建立，人们对了解文明与知识的学习更为迫切。伴随着人类整体文明的进步与社会的需求，博物馆进入高速发展时期。我们所熟知的众多大型博物馆与博物馆类型也是在这个时期内确立的，例如英国维多利亚和阿尔伯特博物馆（1852 年）、坎星顿科学技术博物馆（1853 年），美国纽约大都会博物馆（1870 年），俄国莫斯科国立综合技术博物馆（1872 年），爱尔兰国家博物馆（1890 年），德意志自然科学和技术博物馆（1903 年）等，随着博物馆的种类细化，博物馆的社会教育职能得到了空前的加强，博物馆的概念也得到进一步的明晰。

随着世界近代国家概念的形成，象征民族遗产核心的博物馆逐渐成为民族国家的文化脐带。18～19 世纪的民族主义产生后，欧洲有众多小公国开始建立新的国家：德意志帝国诞生（1871 年）、意大利独立（1870 年）……地处北美大陆的美国通过南北战争（1861～1865 年）建立统一的美利坚合众国等，所有民族国家的重新建立需要统一的国家语言、风俗与文化的认同。博物馆成为民族文化统一的手段。普鲁士在 1815～1819 年战争失败后，就有人提出通过博物馆共同分享建立一种审

53　王宏钧 . 中国博物馆学基础 [M]. 上海：上海古籍出版社，2001:63.
54　同上 :65.

美上的崇敬感，政府资助的博物馆可以使公众更加团结，并培养人们的公民意识。[55] 欧洲越来越强的国家观念与公民意识，使欧洲各国纷纷建立自己的"国家博物馆"：如丹麦国家博物馆（1807年）、阿姆斯特丹国家博物馆（1800年）、斯德哥尔摩国立博物馆（1792年）、慕尼黑德意志国家博物馆（1903年）、华沙国家博物馆（1862年）等。拉丁美洲及非洲国家在独立后，以玻利瓦尔为代表的当地文化统治者以博物馆为工具重新整合新的国家文化与民族身份认同，通过建立并收集具有当地民族特色的遗物，以此来叙述民族历史，构建起区别于其他民族的集体身份。因此，博物馆促进了近代国家概念的整合，同时成为近代国家意义上的一种文化象征与文化认同。正如美国学者亨廷顿所言："世界上众多国家随着意识形态与时代的终结，将被迫或主动地转向自己的历史和传统，寻求自己的'文化认同'，试图在文化上重新定位。"[56]

（二）博物馆是一个不断被赋予定义的文化概念

从定义来看，博物馆（Museum）一词源起于希腊语——"Μουσεῖον"，释为"供奉缪斯及从事研究的处所"。博物馆的起源，可以回溯到公元前三世纪亚历山大港的缪斯神殿，其收藏了亚历山大大帝在欧洲、非洲与亚洲征战得来的珍宝。17世纪英国牛津阿什莫林博物馆建立，"Museum"随后成为博物馆的通用名称。"博物馆"一词在中国古代语境中并不存在，19世纪中国的有识之士来到欧洲，"Museum"一词被译为"博物馆"，并开始出现在中文语境中。[57] 湖南省博物馆原馆长陈建明先生认为：中文中"博物馆"一词最早见于林则徐主持编译的世界地理著作《四洲志》。《四洲志》中关于英吉利国（即英国）的部分记载："英吉利又曰英伦，又曰兰顿"，"兰顿建大书馆一所，博物馆一所"；在育奈士迭国（即美国）部分亦有如下叙述："如分管武事，设立章程，给发牌照，开设银店，贸易、工作、教门，赈济贫穷，以及设立天文馆、

55　根据国家文物局副局长宋新潮在中央美术学院美术馆讲座"中国博物馆的发展与期望"内容所整理。讲座时间：2013年11月15日14时。

56　塞缪尔·亨廷顿. 文明的冲突与世界秩序的重建[M]. 周琪，译. 北京：新华出版社，2010.

57　王宏钧. 中国博物馆学基础[M]. 上海：上海古籍出版社，2001:36.

地理馆、博物馆、义学馆，修正道路、桥梁、疏浚河道，皆官司其事"[58]，并有博物院、博览院、博物场等其他称谓[59]。

博物馆的定义是博物馆学研究的核心问题，博物馆学作为博物馆相关研究的传统核心范畴，可以提供博物馆相关的学术视野，更可以看清博物馆相关研究的深层属性与根源。针对博物馆学的范畴，《中国大百科全书》认为："博物馆学是研究博物馆的性质、特征、社会功能、实现办法、组织管理和博物馆事业发展规律的科学"，"博物馆学的研究对象是保存、研究和利用自然标本与人类文化遗产，以进行社会教育的理论和实践，包括博物馆事业发生、发展的历史及其社会的关系，也包括博物馆社会功能的演进、内部机制的运营和相互作用的规律。"[60]国际博物馆协会将博物馆学界定为："一种对博物馆的历史和背景、博物馆在社会中的作用，博物馆的研究、保护、教育和组织，博物馆与自然环境的关系以及对不同博物馆进行分类的研究。"[61]博物馆学作为一种理解博物馆的工具，自然是随着博物馆的发展进程而不断被建构。从发展来看，针对博物馆学的研究开始于16世纪欧洲，而直至19世纪末，现代意义上的博物馆学研究才真正开始，这种研究来自于文艺复兴以来的收藏、研究与展示实践，是对以往人类特定文化行为的总结与概括。[62]目前可以找到的第一件有关博物馆本体的理论，是文艺复兴时期（1565年）德国慕尼黑的比利时医生魁雀贝格（Samuel von Quiccheberg）所写的文本。文中，作者针对巴伐利亚公爵的收藏提出了理想的博物馆规划，以及展览的组成部分、文物整理、视觉观赏等初步的规则[63]。19世纪，随着博物馆的不断建立与开放，博物馆相关的文学著作与理论研究开始不断涌现，诗人歌德（Johann Wolfgang von Goethe）用浪漫主义句法书写了大量关于收藏、文物保护与修复的文章，并于1816年在《关于莱茵河及缅因河一带的艺术及古典文物》一文中提出了博物

58 中国博物馆协会. 回顾与展望：中国博物馆发展百年——2005年中国博物馆学学会学术研讨会文集 [C]. 北京：紫禁城出版社，2005：211-218.

59 刘禾著，宋伟杰. 跨语际实践——文学、民族文化与被译介的现代性（中国，1900-1937）[M]. 北京：生活·读书·新知三联书店，2002：382.

60 胡乔木. 中国大百科全书 [M]. 北京：中国大百科全书出版社，1993.

61 王宏钧. 中国博物馆学基础 [M]. 上海：上海古籍出版社，2001：2-3.

62 HOOPER-GREENHILL E. Museums and the Shaping of Knowledge[M]. London：Routledge，1992：45.

63 弗德利希·瓦达荷西. 博物馆学：德语系世界的观点 [M]. 曾于珍，林资杰，等，译. 台北：五观艺术管理有限公司，2005：156.

馆的重要性，超出原有设立博物馆抽象的概念，进而将博物馆理解成为全面性的收藏机构。另外，德国学者阿道夫特·瓦根（Adolfurt Wangner）所著的《新旧时代的艺术收藏》、英国学者大卫·莫里（David Morey）所著的《博物馆：历史及其作用》等都对博物馆的属性作出了探讨，可以视为博物馆学前期阶段的重要组成部分。但直至20世纪，与博物馆学相关的出版物大多数仍然是从博物馆自身的立场出发，针对博物馆内部所触及的专业与学科进行研究，并没有触及博物馆所存在的本质问题。第二次世界大战（以下简称二战）后，面对战后文物与人类文明大面积的修复与重建工作，博物馆研究开始呈现出具体与多元的研究方向。之后随着国际博物馆协会（ICOM）的成立，博物馆学的原理问题才成为博物馆界普遍的议题。其中包括了对博物馆的边界、概念与定义相关的制定与诠释。从此，博物馆学的研究对象皆由特定的议点出发，研究博物馆的物件，探讨博物馆机构的功能与特色、博物馆与人以及博物馆与现实生活的关系等广泛议题。[64]其中，博物馆学的核心问题便是"何为博物馆"。美国博物馆联盟（AAM）在1962年将博物馆定义为："（博物馆是）非营利的永久性机构，其存在的主要目的不是为组织临时性展览，该机构应享有免交联邦和州所得税的待遇，向社会开放，由代表社会利益的机构进行管理，为社会的利益而保存、保护、研究、阐释、收集和陈列具有教育和欣赏作用的物品及具有教育和文化价值的标本，包括艺术品、科学标本（有机物和无机物）、历史遗物和工业技术制成品。符合前述定义的机构还包括具备上述特点的植物园、动物园、水族馆、天象厅、历史文化学会、历史建筑和遗址。"[65]同时，作为世界博物馆行业的最高权威组织，国际博物馆协会通过1946年、1962年、1974年、1989年、2007年、2019年、2022年的《国际博物馆协会章程》，对博物馆进行定义并多次修改，博物馆的核心定义不断被明晰与重新界定。

64　弗德利希·瓦达荷西.博物馆学：德语系世界的观点 [M].曾于珍，
　　林资杰，等，译.台北：五观艺术管理有限公司，2005:170.
65　宋向光.世界各国和国际组织关于博物馆的定义 [J].中国博物馆通
　　讯，2003(8):18.

1946 年 11 月制定的《国际博物馆协会章程》中规定："博物馆是指向公众开放的美术、工艺、科学、历史以及考古学藏品的机构，也包括动物园和植物园，但图书馆如无常设陈列除外"。

1962 年，国际博物馆协会对定义作出修改："以研究、教育和欣赏为目的，收藏、保管具有文化或科学价值的藏品并进行展出的一切常设机构，均应被视为博物馆"。

1974 年，国际博物馆协会哥本哈根会议指出："博物馆是一个不追求营利、为社会和社会发展服务的公开永久性机构。它把收集、保存、研究有关人类及其环境见证物当作自己的基本职责，以便展出，公之于众，提供学习、教育、欣赏的机会"。另外，所陈述的博物馆定义中，明确地强调博物馆将从过去自我为中心的研究，转向对社会与公众开放为中心。对社会与公共的关注，使得原有博物馆开始由"物"为重心向"人"为重心转移。

1989 年，国际博物馆协会海牙会议通过的《国际博物馆协会章程》第 2 条再次修改博物馆的定义："博物馆是为研究社会及其发展服务的非营利的永久机构，并向大众开放。它为研究、教育、欣赏之目的征集、保护、研究、传播并展示人类及人类环境的见证物。"

2007 年，国际博物馆协会维也纳会议通过的《国际博物馆协会章程》规定："博物馆是一个为社会发展服务的非营利性常设机构，它向公众开放，以教育、研究、欣赏为目的收集、保存、研究、传播和展示人类及其环境的有形与无形遗产。"

2019 年，国际博物馆协会巴黎会议通过的《国际博物馆协会章程》规定："博物馆是民主化、包容性、多元平等的空间，用以展开传统和未来之间的批判性对话。博物馆应承认并解决当前的冲突与挑战，为社会保存文物艺术品与标本，为子孙后代保存多样记忆，保障所有人享有平等的权利和获取遗产的权利。博物馆不是营利机构，它具有参与性和透明度，并与不同社区积极合作，共同收集、保存、研究、阐释、展示和加强对世界的理解。旨在为促进人类的尊严、社会正义、全球平等与地球福祉作出贡献。"

2022 年，国际博物馆协会布拉格会议提出了博物馆的新定义："博物馆是为社会服务的非营利性常设机构，它研究、收藏、保护、阐释和展示物质与非物质遗产。向公众开放，具有可及性和包容性，博物馆促进多样性和可持续性。博物馆以符合道德且专业的方式进行运营和交流，并在社区的参与下，为教育、欣赏、深思和知识共享提供多种体验。"[66]

由此可见，博物馆定义的变化呈现出了边界不确定性、动态的发展性趋势，其中的边界探讨，主要围绕着博物馆的核心定义、社会作用与文化角色展开。而其多次的定义修改，侧面反映出博物馆定义的概念自身的广泛性与伴随时代发展的可变性。在这期间，博物馆含义所涉及的历史遗产、公众教育、文化展示等内涵已将博物馆等同于人类文明的最大象征物，而要将这样的一个庞大的概念具体化、机构化与形象化，自然会将其纳入人类文明中不断被诠释的话题。博物馆的概念也将在人类历史的不同时期得到不同的诠释。

（三）对博物馆学的反思

人们以往对博物馆的常规理解与经验性的思考，往往限制了我们对博物馆本质的探寻与反思。几个世纪以来博物馆相关的研究积累为博物馆学奠定了深厚的理论基础与文明成果，它为当代研究博物馆学与理解博物馆性提供了宏观的现实认识与回溯基点。但必须注意的是，已有的研究结果未必就是博物馆的本质与全部，当代视角下同时需对博物馆学进行反观与重识。

人们在现实生活中所认知的博物馆建筑，在一定程度上成为人们所

66 国际博物馆协会博物馆定义 [EB/OL]. (2022-8-24) [2022-8-24].
    https://icom.museum/en/resources/standards-guidelines/
    museum-definition/.

理解的"博物馆"全部。正如美国博物馆学者威尔（S.Weil）认为，博物馆过于强调现实功能，忽视了它存在的目的，那就是"为大众开放，促进社会发展，并以研究、教育及娱乐为目的"。[67]中文语境下对博物馆的描述聚焦在"博物"与"馆"两个概念的组合之中，即将博物的最终表达存在于一种"馆舍"之中，这其实并非只是中文语言环境中的解读，馆舍作为博物馆的表征一直存在于博物馆的发展过程之中，自博物馆概念诞生的那天起，馆舍便成为"博物馆性"较为单一的表达方式。

尤里乌斯·冯·斯罗塞尔（Juliusvon Srotter）认为，在神殿里摆放希腊诸神的珍宝，就可以标志公共博物馆的起源。现在大多数历史学者都觉得这种观点是误导大众的[68]。自中世纪珍宝室的出现，到18世纪乌菲齐美术馆开始对公众开放，馆舍作为一种呈现物件的场所具有天然的空间性与保护性，当代博物馆理论也会将植物园、动物园归纳为一种博物馆的类型，但其概念实质仍局限于一种"围墙式"的、孤立的场所界定中。鲍勃·迪伦（Bob Dylan）曾指出："伟大的绘画不应该放在博物馆中，博物馆就是坟墓。"[69]当代博物馆怀疑论者对博物馆的怀疑性一方面源于对当代博物馆作为一种集中式、馆舍式的质疑，另一方面则针对博物馆空间所造成遗产的意义孤立。建筑化的博物馆意味着文物与内容在建筑空间内的集中性开放，进而产生展示的结果。因而博物馆呈现出一种单点式、中心式的存在。无论是因战争或殖民掠夺而来的文物，还是随着历史的变迁而流入博物馆的其他艺术品，遗产都面临着从原有环境到博物馆建筑环境的转变与位移。从"此处"到"他处"的位移过程，使得馆舍成为遗产最终的合法移居地。德·昆西指出："对艺术品的保护不只是要求挽救这一对象，还要维护其原始的语境：拉斐尔的绘画和古代雕塑离开了罗马，就不再得到保护，因为它们不再是一个更大的整体——意大利视觉文化——的一部分。"[70]德·昆西认

67　单霁翔.从"馆舍天地"走向"大千世界"：关于广义博物馆的思考[M].天津：天津大学出版社，2011:4.
68　大卫·卡里尔.博物馆怀疑论[M].丁宁，译.南京：江苏美术出版社，2017:11-12.
69　SHELTON R.No Direction Home:The Life and Music of Bob Dylan[M].New York:Beech Tree,1986:210.
70　HUBERMAN G D.Brain of the Earth's Body:Art,Museum,and the Phantasms of Modernity[M].Minneapolis and London:University of Minnesota Press,2003:118.

为，即使是完好无损的艺术品，如果脱离了其原始语境，也就成了碎片而已[71]。在后殖民主义理论的研究视角中，研究者更以大英博物馆所藏雅典卫城石雕为例，提出了大英博物馆是"谁的文化"的疑问。上述问题看似是简单的遗产与场所问题，但本质上质疑的是作为遗产的"物"与作为建筑的"空间"之间的矛盾关系。在一定程度上我们已经把一种建筑化的博物馆性场所当成了博物馆性相关的全部。"语境"的问题虽早被博物馆研究者发现，并通过类似于还原场景、营造历史时空的方式予以弥补，但其已然破坏的历史实质，使参观者在面对这些文化遗产时失去对其探寻原有实质的可能。语境的缺失使得"物"与原有环境产生了断痕，继而成为建筑展馆下的寄宿品。遗产的孤立不仅在于与原有语境意义的断裂，更在于其现有状态与城市文化的隔绝。固有的建筑性的理解，一定程度上在文化遗产与博物馆学之间筑起了一道看似合理，实则带有历史原罪的隔绝墙体。在城市中，建筑中心式的存在使得人们对博物馆的理解更趋向于一种神圣的膜拜场所，似乎一座城市没有了博物馆便失去了城市的一切历史。为博物而建的馆舍在这个过程中虽成为城市文化的标志与记录，但自身却故步自封地成为一种保守的功能结果，和周围的城市文化完全没有联系。因此，如何正确看待博物馆、如何用城市的视野审视博物馆学的发展，是当代博物馆学必须重新审视的关键点。本书并非否认建筑作为容器之于遗产的意义，而是意在提醒当代博物馆学的研究者，我们需要一种新的博物馆学视角，重新审视未来的博物馆性的发展与可能。

第二节　从"博物馆"与"城市"到"博物馆城市"的思维转变

从城市与博物馆的概念释义可以看出，城市与博物馆是两个不断演

71　大卫·卡里尔.博物馆怀疑论[M].丁宁，译.南京：江苏美术出版
　　社，2017：63.

变、不断被重新解读的概念。虽然在语言描述上"城市"与"博物馆"是两个有着各自概念边界与具体研究范围的"独立概念"，但这两个概念之间却穿插着文化、遗产、空间、阐释、教育等多个面向的概念交织。因此，"博物馆城市"不是城市与博物馆两个概念的简单并置，而是在两者概念底层结构之间找到已被交织的共同性与相互影响的价值性，并将其开辟出来反观并予以重新构建。因此，本书所论述的"博物馆城市"的概念建构，实则是将"城市"与"博物馆"的"独立概念"，转换到"博物馆城市"的"系统概念"的建构转变。

在这种系统建构的转变过程中，面临着三种层级的逐层转变：从历史到未来的视野转变、从局部到系统的思维转变以及从加和到涌现的建构转变。

一、从历史到未来的视野转变

基于历史，将博物馆与城市的关系置于未来的视野去审视，既是本题的预设性前提条件，也是本书研究思路的主要切入点。在现有的观念之下，博物馆与城市两者已然成为概念并行、并无关联的独立存在，这种独立性成为全球范围内的人们对两者的基本认识。因此，针对博物馆与城市的"未知性"研究，必须将视角悬置于历史与当代的经验结果之上，通过一种可能的未来视野进行重新审视，这种视野既基于未来的一种主观理解，又直接面对人类文明与城市文化深层的生成与传播系统，从而找到看待两者关系的另一种可能。需要强调的是，所谓一种"未来的视野"并非凭空创造，而是基于研究者对博物馆与城市两者的历史现状、当代内涵与未来可能性的研究之上作出的主观判断。历史与未来是时间概念上的两个端点，也是本书观察论题的思考基点与极点，只有将问题界定至某种超前理解，历史与未来才可能作出一个有效控制的讨论范围；只有将理解置于未来，才可以通过未来的期待来反观当代城市问题，最终当代的众多问题才能得出较明晰的对策。

二、从局部到系统的思维转变

"局部"与"系统"对应了人类"观看"并揭示世界秩序的不同方式和角度。从局部到系统的转变，是将城市与博物馆各自孤立的概念认知，转变为系统整体下的规律认知。从研究的角度，是从"经典科学"思维模式到"系统科学"思维方式的转变。我们可以借用"经典科学"与"系统科学"的思考方式来看待"局部"与"系统"之间的思考差异，"经典科学与系统科学的实质区别是'观看'科学的视角不同，经典科学的研究者在面对研究对象时，首先是站在他者的角度，站在与研究对象对立的角度，从部分及微观入手对研究对象追求究竟，是一种构成性思维；而系统科学则首先把研究对象看成一个整体，从整体上把握系统运行的机制和规律，并揭示其深层的生成机制，是一种生成性思维。这两种科学观，在对待部分与整体的关系问题上，冲突亦非常明显。卡普拉（Fritjof Capra）在《当代物理学的新世界观》一书中，提出科学观念从旧范式到新范式转移的五个方面，其中第一个就是从部分到整体的转移。他认为，在旧的范式中，任何一个复杂体系，关于整体的动力学都是从其组成部分的属性中被了解的；在新范式中，部分与整体的这种关系倒转了，部分性质只有通过整体的动力学才能得以理解。"[72]正如金吾伦所说："从最终意义上手，部分根本就不存在。我们可以把它叫作部分的东西只是在一个不可分离的关系网上一个模式节点。"[73]在"局部"与"系统"的理解之上，看似局部的博物馆与貌似系统的城市形成一个相互建构的互文关系，博物馆的文化属性必须放置于整个城市的文化系统之中才能

72 刘敏. 生成的逻辑 [M]. 上海：上海古籍出版社，2001:65.
73 金吾伦. 巴姆的整体论 [J]. 自然辩证法研究，1993(9):1-10.

看清并理解其自身。而城市的文化属性必须置于博物馆的属性之中才可认清文化流传与人的具体关系。从这个角度来理解，两者是一个不可分割的整体关系。同时，"局部"与"系统"绝不是一种客观的结果与思维对象，而是对待一个问题的视野角度与思维方式。因此，博物馆与城市的关系，并非一个局部与系统的关系探讨，而是将两组命题都从系统的角度去理解其自身，进而审视一种更高层级的系统——基于"博物馆的系统"与"城市的系统"所审视的一种"博物馆城市系统"。在过往的研究中，为了使城市文化的构成结构明晰，过多的研究通过还原论式的思维将城市文化分解到最小组成部分，认为将组成部分剖析清楚，整体便可明晰。虽然这种方式可以为一些命题提供答案，但也背离了真实的城市文化的本质，进而将问题限制在了研究者自身能发现解决问题的地方。因此，基于"博物馆"与"城市"的文化系统，是用整体思维来看待的一种"非线性"的文化观，从非线性的角度来看，城市、博物馆都不是预设"存在"的，而是发生演变与进化着的。只有从系统上来思考博物馆的属性与城市的文化属性之间的系统关联，才可以找到两者之于人类文明的系统性与结构性。

三、从加和到涌现的建构转变

由"博物馆"与"城市"到"博物馆城市"的系统建构过程中，"加和"与"涌现"是其生成过程中会涉及的两个重要问题，作为系统结果的两种生成方式，二者是两个完全不同的概念。"加和"原是化学名词，指化学电子的加和，又指具有代数相加的性质，如物体的数量、种类等。简单来说，一加一等于二的过程就是加和的过程。加和是一种稳定的叠加结果，两种及以上的代数相加，结果为单个代数之和，加和的现象则显示出来。又如两个相邻城市合并为一个城市，城市人口的增加、城市面积扩展就是加和的结果。而城市中同样存在不具有加和性的非代数现象，如行政功能、城市历史等。若将博物馆与城市看作是两个"代数"，从语言上看两者是简单的加和结果，是一种浅义的表层结构，但其文字表面所涉及的深层结构绝不只是停留在文字表面（博物馆加城市）的"加和"结果，而是涉及更深层与更广泛的面向。博物馆与城市两者不是一种简单的代数关系，两者自身的体量差异与属性内涵本身就不具有加和的可能。若浅义或狭义地去理解城市与博物馆两者，将博物馆看作建筑，将城市看作一种大尺度的空间，将博物馆"建筑"与城市"空间"进行一个简单的结合，其结果似乎仍是一种由建筑到空间的简单演变——一种更大体量的、简单的博物馆建筑的结果。这种结果又回到了一种博物馆狭义的"建筑馆舍"理解上，博物馆城市中的"城市"观念便毫无意义可谈，成了一个极为简单的博物馆的空间性与功能性问题。因此，针对博物馆城市概念的建构绝不是浅义与狭义的语言加和，而应剖开其表面枝叶，重新审视两者地下丰富的根系脉络，那些根系脉络的交织点，是理解两者构建核心的切入点。而独立、没有交织的根系则是两者之间相互补充的差异性与可能性。从这个角度看，两者的概念不再是"加和"关系，而应是一种"交合"下的再创造——一种新的系统或理解的诞生。这种新的系统诞生，可以理解为一种系统"涌现"的结果。

涌现的概念由约翰·霍兰（John Holland）提出。在其著作《涌现·从混沌到有序》一书中，约翰·霍兰将涌现看作一种具有耦合性的前后关联的相互作用，这些相互作用以及这个作用产生的系统都是非线性的。整个系统的行为不能通过对系统的各个部分进行简单地求和得到。涌现是我们周围世界普遍存在的一种现象，日常的一些活动，如耕种就依赖着涌现的一些基本经验。同时，人们的创造性活动，从对企业和政府进行改革到创建新的科学理论，所有的一切也都涉及控制的涌现现象。在生活中的每一个地方，我们都面临着复杂适应系统中的涌现现象——蚁群、神经网络系统、人体免疫系统、因特网和全球经济系统等。在这些复杂的系统中，整体的行为要比其各个部分的行动复杂得多[74]。正如贝塔朗菲（Ludwing von Bertalanffy）所指出：系统具有两种整体性，一类是加和式的整体性，通俗地说就是整体等于部分之和；另一类是非加和式的整体性，即整体不等于部分之和。整体涌现性即整体呈现出来的非加和特性[75]。以蚁群为例，单个蚂蚁的能力有限，但当蚂蚁集群在一起变为整体时，则能毁掉一座大坝。人类的大脑同样是一个非加和性的例子，人的大脑，由脑核、脑缘系统、皮质组成，大脑犹如一个复杂的神经网络，每一个神经元虽单独控制着各自神经区域与功能区域，但这些神经元却没有大脑的整体功能与思维方式。当这些脑神经元汇聚为一个神经系统时，其结果却可以提供支配人神经活动的基础。但大脑的最终价值并非神经的组合结果那么简单，通过神经组成的大脑所创造的思维与文明结果，则是无限边界与不可预知的。在这种结果下，人的思维则是"涌现"的，其思维结果、自我意识、情绪等，都无法单独还原到一个个体的神经元中，而是一种多方面协作系统的结果。涌现存在是自然界一种非常普遍的现象，其结果从简单到复杂的演变过程中，存在结构与结果上的突变。1923年，英国心理学家、生物学家和哲学家摩根（Conway Lloyd Morgan）在他的著作《涌现式的进化》中写道：尽管看上去多少都有点跳跃，但涌现的最佳诠释是，它是事件发展过程中方向上的质变，是关键的转折点。约翰·霍兰指出："涌现是以相互作用为中心的，它比单个行为的简单累加要复杂得多。总之，涌现性所出现的一些属性来自一个系统的协作功能，但又不属于系统的任何一部分"。这种涌现性自身带有一种群体性质，但群体中的个体在单独行动时则无法表现该性质。系统科学将这种整体才具有而孤立部分及其综合不具有

74 约翰·霍兰 . 涌现：从混沌到有序 [M]. 陈禹，等，译 . 上海：上海世纪出版集团 , 2006:123.
75 苗东升 . 论涌现 [J]. 河池学院学报 , 2008（1）.

的性质称为"整体涌现性"。城市正是这种"整体涌现性"下的系统结果，它是一个由众多个体组成的复杂集合，但城市作为一个复杂的结果却如人的大脑一样，是一个无法反推到任何一个个体的过程。在城市中，人口与文明的关系、建筑与城市空间的关系、历史与叙事的关系等，都是一种涌现视角下的结果。在整体涌现性的视野下，城市的结果往往不可反推其加和性，更无法否定城市中任何个体的组合可能。也正是在这种涌现性下，城市与人类文明才出现丰富多彩的结果。因此，通过对涌现现象的理解，我们可以将博物馆与城市的构建关系同样理解为一个可能的"涌现"。它不是两者的加和结果——由两者并置生成，而应将其看作一种可能的涌现结果与涌现的主观预判，博物馆城市作为涌现的结果将使城市产生一种新质，也正因如此，我们可以试图放弃两者概念所隐含的组合性与逻辑性。因为，在涌现之下，已有的经验判断都是徒劳的。

基于上述三个思维层级的转变，可以使博物馆城市的概念生成具有一个较为系统的思考模式与生成视角。而对博物馆城市的属性诠释，本质是对城市与博物馆两者内在交织属性的诠释，它基于两者可能的共同性、相互的可建构性与可组织的系统性之中，从而实现涌现的可能。涌现之下的建构过程，实质是将两者进行同构。

四、"博物馆"与"城市"的"概念同构"

博物馆与城市之间的"同构"，可以看作是博物馆城市概念具体的生成工具。"同构"一词源于希腊语"Synergia"，由物理学家哈肯（Haken）在 1974 年首次提出，其概念源自现代物理学的非平衡统计物理学，是一门研究不同学科之间所存在共同性本质特征的横断科学。它通过分类、对比等方法来描述各个系统和运动现象之间从无到有转变的共同规律。按照同构观奠基人哈肯的看法，同构是很多分体系共同作用的行为，其结果是在宏观的层面产生了相应的功能和结构。[76]哲学家菲罗兰斯基（Ferolansky）认为："存在的联系……就是一种同构，是存在的共同活动，它与任何一种存在都不是等同的平衡关系，它与任何一种存在都是一种新的关系，同构即是共同活动作用的其中之一。"[77]同构，我们可以理解为一种在具有共同性的两者之间的连接路径，通过语言中"词汇的同构"，进而将词汇所蕴含的概念、语义、表征等予以同构，从而形成一种新的同构结果。在一种开放的系统之中，这种被同构过程趋向于一种自组织的状态，存在于各种概念的组织之中。两者之间的共同性本质是同构的基础，而差异性则是在一定程度上提供了同构生成的差异化与新的价值。

"城市"与"博物馆"两者概念同构的可能，源自两者概念深层所蕴含的多种相似性与同质性，对于"博物馆"与"城市"两者的同构，本节将其拆分为三个渐进过程：

首先，将"博物馆"与"城市"两个独立概念中具有相似性与同质性的概念提取，形成同构基础。具体来看，博物馆作为一个非营利机构，是以人类的文明与文化遗产为对象，以研究、保护、教育与传播为主要特征。博物馆本质属性存在于人类活动的空间之中，并具有文化属性与展示属性。博物馆所呈现的文化遗产，基本属于城市文明范围下的结果，因此博物馆具有"城市文化性"与"空间性"。另外，城市作为一种文化的容器，其自身自然含有对人类文明与文化遗产的"研究""保护""传播""教育"等功能，这也是城市的根本属性范围。我们可以说城市具有一种先天的"博物馆"属性。因此，博物馆与城市看似是两个独立的概念，实质上在其概念深处有着特别相通的交织与共性。

其次，将两者共同性与相似性的领域进行同构，形成概念结果。将

76　王兰夏. 语言文化的同构视角下的涵义空间 [D]. 北京：首都师范大学, 2013.
77　同上.

博物馆的"城市文化性"与城市所具有的"博物馆"属性相同构，两者同构的结果可以理解为一种"城市的博物馆性"，而从城市类型的角度来理解，我们可以将其界定为一种具有"博物馆性"的城市类型——博物馆城市。本书将其界定为"博物馆城市"，而不用"城市博物馆"一词，意在强调城市与博物馆同构的结果是：一种基于"博物馆属性"与"博物馆目的"而建构的"城市理论"，即强调"城市"而非"博物馆"。因此，对于博物馆城市的理解，本质上是对城市的"博物馆性"的理解与探讨。

最后，明确同构结果的概念、构成核心与属性，进而建立起博物馆城市的类型分类、价值结构与生成策略。城市作为人类文化宏观的载体容器，是人类文明与文化长期生长的沃土与场所。城市的文化遗产是一座城市文化最为核心的构成内容。而博物馆作为具象的储存工具，其本身也是文化贮藏的容器，继而展示并教育着容器中的人民。博物馆的四项根本属性"研究""保护""教育"与"传播"在城市尺度下则具有了新的理解：一种基于城市的空间、对城市文化遗产进行以"研究""保护""教育"与"传播"为目的的城市型博物馆。这种博物馆以城市空间作为博物馆的空间载体，将城市文化遗产作为对象进行研究与保护，进而通过城市空间的展示达到教育与传播的目的。博物馆所隐含的四个目标：研究、保护、教育与传播，则对应了城市视野下的两个核心：文化遗产与空间展示。城市的文化遗产既是被研究与保护的对象，同时也是城市文化得以展开教育与传播活动的内容基础。城市空间展示则是具体的传播方法与教育手段。因此，由文化遗产与空间展示所形成的特殊城市文化关系，成为博物馆城市最为重要的属性特征。

第三节 城市的"博物馆性"

一、博物馆性

城市的博物馆性，即城市自身所具有的博物馆属性，它是基于城市的空间尺度与文化的历史视野之下对博物馆性展开的批判探讨与系统理解。

若要理解城市的博物馆性，我们必须回溯"博物馆性"的最初含义。"博物馆性"（Museality）一词由捷克博物馆学家施福斯基（Z.Z.Stránský）[78] 提出。正如台北历史博物馆馆长张誉腾先生所言："博物馆是一种机构……这些机构的形式在历史进程中也有种种变化，但是其背后的人类行为及其所反映的文化价值，则是可以超越时空，具有一定的共同性的。这个共同性，捷克博物馆学家施福斯基称之为博物馆性，指的是人类和现实生活的一种特殊关系，这种关系和人的历史存在有关，它是各个世代的人类企图藉由保存能代表当时文化价值的物件与信息，从而尝试表达和传承这些价值的努力。博物馆现象则是这种特殊关系的外在表现，是人们对所在的自然与社会环境以及文化价值观的反映。"[79] 20 世纪 70 年代初，捷克布尔诺大学的施福斯基教授对博物馆学科重新进行了系统性梳理，提出了博物馆现象的本质与其在人类历史中不断演进下所不变的内核——"博物馆性"。施福斯基认为，博物馆学的研究主体不是也不应该是博物馆机构。博物馆学的研究应将"工具"（即博物馆机构）与其研究的最终目的"终点"（文化价值）区分开来[80]。施福斯基认为博物馆学研究的主体应从博物馆（作为历史机构）转移到"博物馆性"（特定的历史价值），并将博物馆性的研究对象界定在"人与现实世界的特殊关系"[81] 之中。其著作中提出：

78　施福斯基（1926—2016），捷克博物馆学家，生于捷克斯洛伐克的库特纳霍拉，早年学习于布尔诺查尔斯大学，后以结构博物馆学理论为研究对象，创立了布尔诺博物馆理论学院，旨在将博物馆实践与博物馆理论体系相结合，在 20 世纪 60 ～ 70 年代，施福斯基被认为是中欧博物馆学的引领人，被誉为"科学博物馆学之父"。

79　弗德利希·瓦达荷西. 博物馆学：德语系世界的观点[M]. 曾于珍，林资杰，等，译. 台北：五观艺术管理有限公司，2005:14.

80　DESVALLÉES A, MAIRESSE F. Dictionnaire encyclopédique de muséologie[M]. Paris：Armand Colin, 2011:722.

81　STRÁNSKÝ Z Z. Education in Museology[M]. Museological Papers V, Supplementum 2. Brno: J. E. Purkyně University and Moravian Museum, 1974:28.

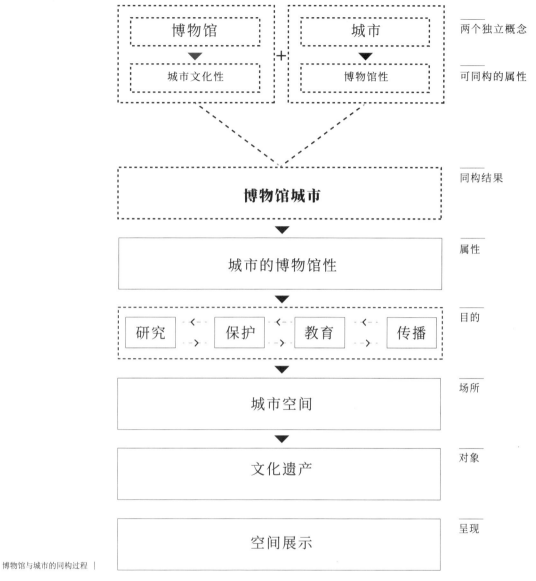

博物馆与城市的同构过程 |

"博物馆学的研究对象不能视为已然存在的博物馆，而应是它存在的原因，也就是透过博物馆呈现出来的对象，及其社会学的目的……博物馆或前博物馆诸形式的目的在于呈现人们对现实生活的特殊反应，这个反应和人的历史存在有关，是人类对抗自然改变和消减规律，挽救能代表价值的物件，尝试保留和利用这些价值，以找出人的行为和文化之形式面貌……用这个与现实生活的特殊关系，作为解释收藏行为的观念，我称之为'博物馆性'……这样定义的博物馆性，包括至今尚未发现的知识。这些知识范围，让博物馆学提升为有专业原理的学科，尽管可能在功能上和其他学科分支融合，却保证自己能有一席固定的地位。所以博物馆学比博物馆的层级高，博物馆学同时也从事以前、现在与未来博物馆形势的研究。"[82]

　　施福斯基所定义的"博物馆性"不是一个死板与恒定的概念，更应理解为一种未被发掘的潜质与接口。他为当代研究提供了一种探讨人与现实世界"特殊关系"的可能，博物馆性在不同语境下，随着社会、经济与政治的变化，博物馆的属性与功能同样发生着位移[83]。博物馆在被理解的过程中，虽经过近半个世纪的发展与探究，其边界一直处于灵动与不断被诠释的状态，这也反映了博物馆自身研究的不确定性与边界模糊性问题。施福斯基所提出的"博物馆性"正是为了避免陷入不断被否定的定义怪圈，转而去寻找一种与博物馆表征背后规律的界定——一种脱离固定局限载体而置于宏观历史视角的共同性。施福斯基将这种共同性界定为"博物馆性"，表达了他对博物馆研究问题的态度。博物馆与之相关的博物馆学的研究，实则是对博物馆现象之后的"博物馆性"的研究，而博物馆作为一种机构的具体形式在每个时代下都有着不同的存在方式。因此，博物馆学的研究对象并不是限定于博物馆那栋建筑物，

82　弗德利希·瓦达荷西. 博物馆·理论篇 [M]. 曾于珍, 林资杰, 等, 译. 台北：五观艺术管理有限公司, 2005:173.
83　HOOPER-GREENHILL E.Museums and the Shaping of Knowledge[M]. London:Routledge,1992:1.

也不仅是博物馆管理或内容的介绍，更不是特殊的博物馆应用研究，而是人的行动：面对历史的保护与文明的传播方式。

　　无论怎样描述，历史信息、文化环境周围都脱离不了人生活的城市场所，它是博物馆性讨论的根本性基础。因此，将"博物馆性"置于城市层面，城市不再仅是传统意义下所理解的一种生活、功能或使用空间，而应理解为人与城市文化之间一种特殊反应结果：是一种空间关系与组织架构。它一方面指向历史的过去事实，另一方面面向了博物馆性下的文明未来。正如施福斯基所言，博物馆是呈现一种"人对现实生活的特殊反应……这种反应深根于历史性。因此博物馆不是以自身为目的，而是提供人们一种历史与现实世界关系的环境"。[84] 与芒福德所谈城市作为博物馆的特质——作为历史性城市一样，对历史中人与生活关系的审视，是探讨博物馆性在一种大历史观视角下的存在可能。虽然人类生活的时代不同，但人类对待文明与文化遗产所作的努力则是历经时代变化而一以贯之的。博物馆与城市所同构的"城市的博物馆性"，则是基于城市层面，对城市文化与人类与之所做的保护、传播、展示等特殊关系的重识与扩展。现实空间中的"博物馆现象"或语言层面的"museum"与"博物馆"的语言描述，则是这种特殊关系的外在表达方式，这种表达方式在不同的时期有着不同的表达途径，"城市的博物馆性"是对传统"博物馆性"概念的进一步延伸，是在城市整体层面对"博物馆性"的重新思考。

　　城市的博物馆性并非一个新创造的概念，从历史的角度来看，将博物馆性置于城市的体量来观测与探讨，并非对博物馆性的扩展，而是对博物馆性的概念回归。18 世纪，批评家德·昆西曾针对卢浮宫展出被拿破仑掠夺的罗马艺术品一事提出尖锐的批评。德·昆西认为，真正的罗马博物馆不仅仅是由那些可以移动的艺术品组成的，而且还"至少有

84　弗德利希·瓦达荷西. 博物馆学：德语系世界的观点 [M]. 曾于珍，
　　林资杰，等，译. 台北：五观艺术管理有限公司，2005:56.

许多的场所、地点、群山、菜市场、古道、一起的城镇的位置、地理联系、这些东西相互之间的内在联系、各种记忆、当地的传统、依然流行着的习俗或是在其国度自身之内可以形成的诸神比较等。"[85] 德·昆西的观点一方面聚焦在罗马艺术品的流失问题，另一方面坦露了他对博物馆实质的理解：一种城市与文化遗产之间特殊的"博物馆"关系。在德·昆西看来，这种特殊的"博物馆"关系，其实包含了城市应有的场景、记忆、文脉传统与故事文本等相应元素，各元素之间形成一种相互影响、不分你我的纠缠关系。本书认为，这种城市空间与文化遗产之间"博物馆"关系的实质，就是城市所具有的博物馆性。

在博物馆学还没有建立的 18 世纪，德·昆西从城市角度对博物馆的根本属性提出了疑问，进而质疑文化遗产脱离原有城市或地域语境而置于"他处"的合法性。今天，我们面对城市与文化遗产以及与之相应的各种问题，必须回溯到城市所具有的那份最本质的"博物馆"关系之中，重新审视其背后的规律与可能。

二、可参观性

若将城市看作是一个无限的"磁体"，除去基本的功能性属性外，磁体的最大磁性来自于其自身历史文化对人的吸引力。而若在一种博物馆的视角下重新审视城市的磁性效应，更能看出城市文化其原本具备的一种独特的环境效应。在城市文化不断繁衍继而传播的过程中，城市自身的空间属性并不是一个与世隔绝的封闭系统，而是一个在历史长河中不断吸收外来信息，继而传达出自身文化意义的开放空间，在这个持续的传达过程中，城市成为一个不断被参观与不断被重新理解的文化载体。

城市作为一种文明结果，对于外来者有着持续的吸引力。无论 13

85　大卫·卡里尔. 博物馆怀疑论 [M]. 丁宁，译. 南京：江苏美术出版社，2017:60-61.

世纪的马可·波罗是否来过中国，其《马可·波罗游记》中所描绘的中国城市形象已成为欧洲人眼中另一种意象的文明存在，影响着西方时至今日对中国的好奇。异域环境的文明差异带来的文化性思考，使人们对外面的世界充满着期望。文艺复兴时期，人们对古希腊与古罗马建筑的回溯调查与研究，正是正面认知这种环境价值的开始。17～18世纪的欧洲哲学家开始关注个人与社会、个人与城市、个人与政治之间的特殊关系，进而产生了"田野"与"民族志"式的人类学调查方法，众多的收藏者开始认识到城市观看与城市文化之间的一种相互的建构关系。从城市的发展来看，世界范围内那些持续提供吸引力的城市，其特性在于自身有着某种特殊的"可参观性"。一方面，"可参观性"存在于城市可视的视觉范围内，随着时间的推移，变成一种促进城市历史文化传播的"建构工具"。如佛罗伦萨美第奇家族致力于将近三个世纪的家族收藏保存于乌菲齐美术馆与碧提宫，目的在于持续吸引世界对于佛罗伦萨的关注与参观；奥古斯都将十三座方尖碑由埃及运至罗马，意在展现罗马帝国的伟大与其在欧洲文明中心的合法性地位，继而影响罗马帝国广阔的文化形象与帝国居民的认同；希腊政府将废墟之上的卫城废石进行历史复原，使其屹立于雅典的天际线中心，目的也在于持续吸引全世界游客对于爱琴海文化与欧洲文明起源的"临场"探寻……这种城市所具有的特殊的"可参观性"，实质是其作为一种参观"目的地"的意义存在。这些案例所创造的城市文化的可参观性，本质上是将城市中静态、封闭的文化资源与场所转变为一种"可被参观"的、具有特定价值的展示空间，这种空间使参观者形成对城市文化内容的个体认知。城市观看与城市文化之间相互关联的建构循环，使得环境之下所影响的参观者能与被展示的文化之间产生一种可被建构的可能，城市的文化因"可参观性"在得以建构的同时又在后续产生广泛的文化结果。

另一方面，"可参观性"成为将参观者代入城市历史与文化而存在的"语境工具"。自从历史建筑与博物馆对公众开放的那天起，参观者自身的参观行为已经与城市历史之间形成了一种"互文"的语境关系。参观者通过参观行为主动与环境发生关联，进而了解其历史的多方面内容，而被参观的环境与艺术品则将观众带入一种特定的语境中。因此，一种可参观的空间是在参观者与文化遗产之间通过一种连接路径起到两者语境促和的可能。这种语境工具在当代社会中同样发挥着作用，如当代城市中那些为持续吸引游客而建设的主题公园、商业综合体、展览中心与各种门类的公共性博物馆，同样提供了将参观者从原有的"自我环境"带入另一"历史语境"的"可参观路径"。从可参观性的角度，城市可以被理解为一个巨大的"展示综合体"，"它是一个包含了历史与自然科学博物馆、城市的立体布景与全景、国际展览、拱廊街和购物中心，以及新的视觉技术联系在一起的场所。"[86] 可参观的城市并非简单地寻求以政治权威与视觉张力来打动参观者，而是通过城市的文化和被传播的信息塑造出一种亲切的城市景观，使参观者感觉不是被排斥在语境之外，而是身在一种可被接纳的环境之中。

城市作为一种容器，其空间的属性自然提供了一个可被参观的场所，它提供了波德莱尔（Baudelaire）与本雅明（Benjamin）所谈的"漫游者"在城市内行走与观察空间的可能。本雅明关注作为多层意义的空间在城市的存在基础，并关注到这些意义层级之间的构成关系，进而将城市的意义界定为个人的记忆与体验和占据主导地位的意义与价值观念的历史建构之间的契合点[87]。在这个容器内，由文化、历史、事件、建筑等文化遗产所构成的内容，成为这个容器内被参观的对象，更形成了一座城市得以具有意义的存在基础。可参观性的内涵不仅在于人在城市中看到的可参观表象，更在于主观地将城市理解为一种观看与参

86　班奈特. 展览复合体 [J/OL]. 王胜智，译. [2019-11-17]. https://www.academia.edu/13646271/%E5%B1%95%E8%A6%BD%E8%A4%87%E5%90%88%E9%AB%94_The_Exhibitionary_Complex_1_.

87　德波拉·史蒂文森. 城市与城市文化 [M]. 李东航，译. 北京：北京大学出版社, 2015:78.

观的可能，进而在一种可参观的视角下，重新审视城市文化遗产的传播价值。

三、空间叙事性

城市的空间叙事，即用叙事学的视角来反观城市空间的构成内涵与属性意义。叙事学诞生于 20 世纪的法国，叙事学着重于对叙事文本结构的研究，是关于叙事文本的理论。可回溯至柏拉图对叙事（Diegesis）与模仿（Mimesis）的二元说。20 世纪 60 年代后，叙事学得以确立。其中经历了托多罗夫（Tzvetan Todorov）、罗兰·巴特（Roland Barthes）、列维 - 斯特劳斯（Claude Levi-Strauss）、格雷马斯（Algirdas Julien Greimas）、布雷蒙（Pierre Brion）等多位学者的发展与补充，构成当代的叙事学理论。从古至今，凡有人类活动的地方就存在着叙事的痕迹。叙事的本质是一种交流的过程，文字为人类文明叙事提供了表达载体，记录了人类文明发展过程中大小不一的叙事集合。而城市则是叙事内容的发生场所，城市中每天发生的具体文明行为与事件，都构成了可被叙事的对象与内容。因此，叙事无时无刻不存在于人类文明活动之中，正如罗兰·巴特所言："世界上叙事作品之多，不计其数；种类浩繁，题材各异。对人类来说，似乎任何材料都适宜于叙事……叙事是与人类历史本身共同产生的；任何地方都不存在，也从来不曾存在过没有叙事的民族；所有阶级与所有人类集团，都有着自己的叙事作品，而且这些叙事作品经常为具有不同的乃至对立文化素养的人所共同享受。所以，叙事作品不分高尚和低劣文学，它超越国度、超越历史、超越文化，犹如生命那样永存着。"[88]

詹姆斯·费伦（James Phelan）认为叙事是"某人在某个场合出于某种目的对某人讲一个故事。"[89]城市的空间可以理解为一种讲故事的

88　罗兰·巴特.叙事作品结构分析导论[M].张寅德，译.北京：中国社会科学出版社，1989.

89　詹姆斯·费伦.作为修辞的叙事[M].陈永国，译.北京：北京大学出版社，2002：14.

空间。历史时间性下形成的城市空间，其背后包含了时间进程、历史事件、人物故事等众多的文本性内容，城市的空间即这些文本性内容最为直接的载体。我们可以将城市看作是一个可被阅读的对象，这种城市的"可阅读性"包含于作为被阅读对象的城市空间——"主体"与作为阅读者的城市人——"客体"之间的关系之中。伊利尔·沙里宁（Eero Saarinen）认为："城市是一本打开的书，从中可以看到它的抱负。"[90] 若将城市比喻为一本书，那么城市的建筑、街道与社区则构成了这本书的文字、章节与篇章。沙里宁所谈的城市作为书籍，实质指出的是城市空间所具有的一种可被编写的"文本性"特质。在神权至上的年代，受限于文字的普及与印刷术的匮乏，建筑充当着文本的作用，成为传播神权、构建市民统一精神属性的核心中轴。建筑成为城市人的感受工具，而城市中的教堂、庙宇等精神性场所构成了城市精神与信息的主要传播媒介，建筑不仅是功能居所，更是一种主动式的文本传播工具。在印刷术普及的后文本时代，城市人不仅是生活在城市中的居民与游客，更具有一种"阅读者"的身份属性。城市的存在基础不只在于其自身物理"空间状态"，更应理解为一种城市人作为读者所感受到的事实"空间内容"。因此，城市实际上是由"事实的空间"与"感受的空间"共同组成，城市空间不是简单的形态结果，其包含了资本、政治、事件等多方面因素，城市空间所蕴含的文本含义，在受众中更有着不同于其表面空间形态的认知。正如凯文·林奇（Kevin Lynch）所言："我们不能将城市仅仅看作是自身存在事物，而应该将其理解为由他的市民感受到的城市。"[91] 凯文·林奇所谈的感受，即一种阅读的结果。罗兰·巴特同样描述一个高度个性化阅读城市的过程："城市是一种话语，而且这种话语是一种真正的语言：是城市讲给他的居民们听的，也是我们讲给我们的城市——我们居住的城市听的，方式则不过是居住其中、游荡其中、观澜其中。"[92]

90　伊利尔·沙里宁. 城市：它的发展、衰败与未来 [M]. 顾启源，译. 北京：中国建筑工业出版社，1986.

91　凯文·林奇. 城市意象 [M]. 方益萍，何晓君，译. 北京：中国建筑工业出版社，2017:2.

92　德波拉·史蒂文森. 城市与城市文化 [M]. 李东航，译. 北京：北京大学出版社，2015:76.

同时，巴特还借鉴维克多·雨果的"直觉"概念，进一步指出："城市正在书写，那些在城市里四处游走的城市使用者……就是某种类型的阅读者，他们遵循着自身的规范和行为，借用这种言说的某些片段来秘密地将其现实化。"[93]

不同于同样具有"文本性"特质的书籍、影像等介质对于城市的线性描述，城市空间状态下所呈现的叙事方式，更多是因城市空间的复杂性而呈现的"非线性"状态，其叙事结果也使得人对城市的叙事具有多向度的理解。

城市空间叙事内容的构成来自于以下几个要素：

第一，城市自身所蕴含的历史遗产、故事与事件。它存在于城市长时间的发展进程中所产生的众多历史事实之中。城市自身所具有的历史与城市的人群产生着持续的互文关系，使得城市人对城市空间产生直接的体验认知。城市自身所蕴含的历史事实，实际上是城市的一种多样性事件的集合，这些事件成为城市历史发展的叙事节点与叙事文本，单个事件是城市的历史节点或局部认知，而众多事件的集合则组成了这座城市较为系统的内容构架与叙事结构。正犹如"纪事本末体"一般的记录过程，以事件为中心展开对历史的描述与记录，使得人们对于城市内容的认知有别于常识下的"纪传体"与"编年体"式对于城市的片段描述，从而形成人们对一座城市了解的事件矩阵。

第二，小说、电影、戏剧等文本性作品中对城市的叙事。城市历来是被描述的对象，城市的叙事内容不仅存在于实体的城市空间中，更存在于文字、小说、戏剧和电影所描述的城市历史与城市故事。城市中的建筑、街道、广场等城市空间往往只是提供了空间事实，而人们对其了解更多来自于小说、戏剧、电影等的阐释与描写。尤其是那些已消失的城市，像约旦古城佩特拉、玛雅古城奇琴伊察等，人们对这些消失的

93　德波拉·史蒂文森. 城市与城市文化 [M]. 李东航，译. 北京：北京大学出版社，2015:76.

城市的认知与了解，只能通过文本记载而得知，因此这些城市也将永远存在于文本叙事之中。同时对于一座有着丰富历史的城市来说，只有少数人能亲临城市之中真实地感受城市空间，大部分人对城市的了解更多来自于叙事媒介所呈现的城市故事与情节。因此，叙事作为一种媒介，成为城市文化得以传播的重要载体。城市在被描述的过程中，已然脱离了其固有的物质性存在，转变为一种文本性的存在方式。文学诗词对于城市的描写，是对城市的一种印象与概括的表述，被文本描述的城市往往取代了真实的城市，成为人们对于一座城市最为直观的印象，因此城市的真实性不仅存在于实际的城市空间，更存在于一种文本性结果。

第三，城市中经过人为设计、具有故事讲述性质的叙事性空间。城市除了建筑、街道与景观所具有的叙事性之外，同样存在着大量人为属性的叙事空间。这些空间往往存在于具有历史性、事件性或博物馆性的建筑空间之中，并人为地通过一种叙事线索将其要传达的内容进行梳理、表述与呈现。博物馆中的常设展览往往通过一种时间线索，力求通过故事性的陈列与文字叙事来线性地讲述一座城市、地区乃至国家的文明通史，参观者通过对空间的参观来阅读其要传达的文本内容。在具有历史故事的名人故居、文物古迹中，为了全面呈现历史的内容，设计者力求将故事与空间发生关联，通过保存与展示古迹的历史来阐释其背后的历史事件与历史故事……同样，这种为了呈现故事与事件的空间表述手法，也存在于纪念碑、城市广场等城市公共空间之中。这些经过人为设计所呈现的叙事空间，目的在于通过故事叙事的方式，重新唤起城市中被遗忘的故事节点与历史事件。同时通过叙事线索的介入，使得那些具有单个历史事件的纪念物得以在宏观的历史视野中得到系统的阐释。

第四节　博物馆城市的两个核心构成

一、文化遗产作为城市文化的核心内容

（一）文化遗产的定义

文化遗产作为一种文明的"纪念物"存在于人类的文明进程中，古代世界中的人们为了保护特定的历史信息，往往将其转变为一种特殊的价值符号，如埃及金字塔的修建出于对法老尸体的保存与纪念、凯旋门对于国家与民族的象征等。在16世纪文艺复兴时期，人们对于文化遗产有了更加广泛的认知，基于历史与艺术的角度，古罗马与古希腊的遗址重新引起人们的注意，历史文物的收藏与修复逐渐被人们所重视。18世纪，如画风格的兴起使人们对于废墟性的事物有了新的认知与判断，那些破旧的、被废弃的废墟场所，在浪漫主义者眼里有了更加广泛的"遗产涵义"，原有的纪念性概念得以扩展。约翰·拉斯金（John Ruskin）在其著作《建筑的七盏明灯》中提到建筑的"真实"与"记忆"为建筑的美德，认为建筑在时间内所呈现的真实性与人所产生的记忆性是建筑价值的重要体现，而对建筑的真实性与记忆性的人为干涉，则会蒙蔽建筑真实的历史事实。与拉斯金的思想相似，1903年，奥地利艺术史学家阿洛伊斯·李格尔（Alois Riegl）在其著作《古迹的现代崇拜：特征与起源》中针对古迹提出了包含岁月价值、历史价值、纪念价值、使用价值、艺术价值和附加价值的古迹价值体系，并将其概括为文物的"纪念性价值"和"现实价值"两个类别。李格尔的理论包含了对18世纪如画风格的深度诠释和纪念性之于时间性的重新审视，使得对于以古迹为代表的遗产价值有了较为系统的理论认知。而与文化遗产保护相关的系统原则，则在1964年发布的《威尼斯宪章》中得以确认，

《威尼斯宪章》中明确了以纪念物为特征的遗产价值不仅存在于其审美与艺术性，更在于其作为人类历史的见证物的历史价值性，《威尼斯宪章》不再仅以纪念物个体的审美与艺术价值来作为衡量标准，而是强调纪念物所隐含的信息对于人类文明发展进程的历史价值。受《威尼斯宪章》的影响，1972年联合国教科文组织（UNESCO）发布的《保护世界文化及自然遗产公约》（*Convention Concerning the Protection of the World Cultural and Natural Heritage*）则对"文化遗产"作出了定义界定，使得文化遗产一词有了更加全面的表述，在条约第1条中指出：

在本公约中，以下各项为"文化遗产"：从历史、艺术或科学角度看，具有突出的普遍价值的建筑物、碑雕和碑画，具有考古性质的成分或结构、铭文、窟洞以及联合体；从历史、艺术或科学角度看，在建筑式样、分布均匀或与环境景色结合方面具有突出的普遍价值的单立或连接的建筑群；从历史、审美、人种学或人类学角度看，具有突出的普遍价值的人类工程或自然与人联合工程以及考古地址等。

在条约第3条中指出：本公约缔约国均可自行确定和划分以上第1条和第2条中提及的、该国领土内的文化和自然遗产。

我国现对于文化遗产的定义为：

文化遗产包括物质文化遗产和非物质文化遗产。物质文化遗产是具有历史、艺术和科学价值的文物，包括古遗址、古墓葬、古建筑、石窟寺、石刻、壁画、近代现代重要史迹及代表性建筑等不可移动文物，历史上各时代的重要实物、艺术品、文献、手稿、图书资料等可移动文物；以及在建筑式样、分布均匀或与环境景色结合方面具有突出普遍价值的历史文化名城（街区、村镇）。非物质文化遗产是指各种以非物质形态存在的与群众生活密切相关、世代相承的传统文化表现形式，包括口头传统、传统表演艺术、民俗活动和礼仪与节庆、有关自然界和宇宙的民间传统知识和实践、传统手工艺技能等以及与上述传统文化表现形式相关的文化空间。[94]

我国对"非物质文化遗产"的定义，始于联合国教科文组织于1989年发布的《保护民间创作建议案》（*Recommendation on the Safeguarding of Traditional Culture and Folklore*）中"民间传统文化"的概念，后于2003年在《保护非物质文化遗产公约》（*Convention for the Safeguarding of the Intangible Cultural Heritage*）中将概念界定为"非物质文化遗产"，并详细界定了非物质文化遗产的范围。

从定义可以看出，文化遗产的分类涵盖了从文本到物件，再到包括建筑与遗址在内的宽泛的、具有历史性与纪念性的内容范围。文化遗产不仅仅是一种物与构筑体的"纪念性"的理解，更存在于一种广义的场所中。文化遗产所包含的内容并非广泛的人类文明事物与广义的遗产理解，而是强调其特有的历史、艺术和科学价值。将这些事物予以"文化遗产"的概念，正是将这些价值性予以提取与归类，进而阐释其价值含义。文化遗产所包含的物质文化遗产与非物质文化遗产是一座城市得以具有获得历史性、艺术性的基础，更是城市文化最为核心的组成部分。

（二）文化遗产之于城市文化的价值内涵

文化遗产的产生基于人类的文明活动，审视文化遗产与城市文化的关系，需要将研究焦点聚焦在具有城市属性的空间范围中，重新审视文化遗产与城市文化之间的多重关系。作为城市文化的重要组成部分，文化遗产是城市文化中最具代表性的典型要素。

1. 文化遗产构成城市文化。文化遗产是城市文化的基础性组成，体现着特定地域和历史阶段的人类活动特征。城市文化本质上是人类活动特征的集合，因其涵盖了人类文明所涉及的众多细节，从而使得自身

---

94 中华人民共和国国务院. 关于加强文化遗产保护的通知[EB/OL]. (2005-12-22)[2018-01-04]. http://www.gov.cn/gongbao/content/2006/content_185117.htm.

有着面向的宽泛性与边界的模糊性。城市文化本身是一个没有边界的存在，它成为人类对城市历史、文化现象与活动集合的一种概念描述。因此，若要对城市文化进行相关的策略构建与具体研究，必须将研究视角透过城市文化宽泛的现象描述而聚焦其具体的组成部分，从而获得切入点。城市文化不是短时间内形成的，它基于一种长时间的历史建构与自我发展。城市文化最为基本的构成便是其历史视野下所包含的具体文化遗产。城市的文化遗产通过以下层级逐一显现：

一是城市的自然特征与城市格局，它是人们对城市最为宏观的认知，同时也是一个城市得以生长的基础。二是城市中所涉及的历史场景，它包含城市中所涉及的遗址、建筑遗产、文物古迹与人文景观。基于其街道、场景与构筑的呈现，使得城市的历史形象得以直观地呈现在视觉之中。同时其包含的壁画、雕塑、碑刻等文化内容，丰富了其遗产的文化性与艺术性。三是城市中的文化遗存与城市生活风情，包含了城市文化产生的诗歌、戏剧、绘画等艺术内容，也包含了非物质文化遗产在内的生活习俗、地域特产等生活内容。

上述三个层级构成了一座城市文化遗产的主轴。在历史进程中，文化遗产的三个层级逐渐相互交织，从而形成了一座城市得以外显的城市文化。从这个角度来理解，我们可以将文化遗产看作一个城市文化的底层文本，它持续编辑并创造着城市文化最为关键的内核。

2. 文化遗产延续城市文化。城市文化是随着时间进程不断发展的，在长时间的发展过程中，城市总会将其文化的代表性部分通过建筑、文字、音乐等形式记录并传播开来。文化遗产并非广义城市文化的全部，而是经过人为的筛选与判断，经过长时间的积累而存在于城市与生活之中的关键文化结果。作为一种"精英式"的存在，文化遗产对于城市来说具有一种特殊的文化价值。它延续着城市与之相关的记忆与传承。文化遗产在一定程度上是城市文化得以发展的文化参照，文化遗产不但是城市发展的历史见证，而且是城市文明的现实载体[95]，它包含了城市文明的"物质的延续"与"记忆的延续"。一方面，城市中物质性文化遗产的延续是一座城市得以体现其历史状态与文化的基础。城市的历史性特征，由城市所呈现的特有文化遗产所构建，文化遗产所包含的建筑与文化遗迹，是其城市性格与城市底蕴的构成基础，更是一座城市形成、发展与演进的轨迹。文化遗产通过其持续对城市空间的影响，从而使得城市的发展呈现出对原有文化遗产的进一步延续与发展，这种文化遗产与城市之间所产生的内涵关联，蕴含着城市特有的文化性、地域性。当代所谈的城市文脉，便是将文化遗产置于城市层面的相似解读。另一方面，文化遗产的存在使得城市记忆一直持续存在于城市之中，个体对于城市的记忆来自于其对城市生活、空间场景和文化方式的持续认知，文化遗产在城市中的存在与延续，使得个体与城市历史之间不断产生记忆交织，进而构建起个人对一座城市文化的记忆。众多"个体记忆"的汇聚，构建起整个民族、国家或城市区域的"集体记忆"，形成对城市文化的系统认知。记忆虽然是无形的，但记忆所隐含的文本性与纪念性，已在个体与城市之间形成了一种文化身份认同。这种身份认同持续于城市人所创造的新的城市文化之中。对于人类自身的文化发展和创造来说，没有记忆就没有创造，人类的一切创造都是建立在对过去文化智慧的继承和总结之上[96]。

　　3. 文化遗产创造城市文化。文化遗产的概念涵盖了物质文化遗产与非物质文化遗产在内的大量"文化事实"。在城市尺度内，这些文化遗产隐含了与城市相关的历史、文化、民俗等各个方面的信息价值。正因其作为"纪念物"的属性，这些城市的文化价值得以在长时间内保留并流传至今，使得各个历史时期的人们对这些文化遗产有着直接的了解

95　单霁翔. 文化遗产保护与城市文化建设 [M]. 北京：中国建筑工业出
　　版社, 2018:97.
96　同上 :102.

与认知。

文化遗产作为一种文本持续作用于城市的进程中，具有代表性的建筑遗产影响着一座城市整体的形态肌理与建筑风格，通过后人的持续努力使其变成一种基本的风格语言，从而建构出一座城市的整体形象。那些屈指可数的珍贵石碑记载了一座城市与文明的兴起与衰落，形成了城市居民与参观者对于城市的认知与回忆，建构着城市的未来生活。城市中那些遗传数千年的生活礼仪与节庆，已成为城市居民的历史记忆与生活习性……文化遗产在城市的文化进程中持续产生着特殊的价值性意义，进而与城市文化之间不断产生着"互构"的关系。文化遗产作为一种城市文化的底层文本，提供给城市的不仅是物质实体，更在于长时间内对城市文化的浸入式影响。这些文本因其特殊性与差异性，使城市形成差异性的形象和面貌。从人类整体文明来看，基于各种地域的文化遗产，不仅在于自身地域的文化延续与再创造，更在于其创造了人类文化更大的多样性，而从更长的时间纬度来看，城市内的文化遗产不是一成不变的，经文化遗产创造的城市文化也催生着新的文化遗产。这种互构的价值性，正是文化遗产作为城市文化的价值所在。

二、城市空间展示作为城市文化保护与传播的方式

（一）展示的概念

展示二字有着较为宽泛的延伸解读，我们在《现代汉语词典》[97]中可以看到与展示概念相关的众多词汇。如"展出""展览""展现""陈列""呈现""展览品""阐释""诠释"……在英文中，同样有着较为宽泛的理解，如"Display"（表现、展示陈列）、"Exhibition"（展览会、商展、展销会）、"Exhibit"（展览、陈列）、"Explain"（解释、

97　中国社会科学院语言研究所词典编辑室 . 现代汉语词典 [Z]. 北京：商务印书馆，1996.

讲解）、"Explanation"（辨明、说明）、"Interpret"（解释、阐释）、"Presentation"（显示、呈现、显出）、"Reveal"（显示、呈现）、"Show"（显露、表现）……中英文中对于"展示"的词义解释，其含义基本包含在"展示出来""陈列出来""解释说明"与"叙述"的范围之中。展示是以多种方式提供、展现、陈列物品与作品，使其以更易于人们接受的方式出现在人们的视野中，使展出物和观众发生对话[98]。值得注意的是，展示二字兼有动词与名词的属性，作为动词来看，展示是一种动态传播过程，强调物或信息的传递现象、方式、手段与结果；从名词上看，展示是一种行为概念的总和，是对具有展示性质的事物或现象的概括。

城市空间内的展示行为，包括以下几个类型：

展示会：包括博览会、展览会、交易会等；

展示场：包括竞技场、剧场、商场等；

展示馆：包括博物馆、美术馆、图书资料馆、水族馆、纪念馆等；

展示园：包括动物园、植物园、名胜园等；

展示活动：包括艺术活动、节日活动等。

在城市文化的视野下，展示有着较为具体的对象范围，从广义的理解来看，城市文化的发展产生了一系列的展示行为，从人类文明早期的洞穴壁画到人类建立劳动关系，继而出现集市、售卖、宗教活动、集会等。展示的行为方式一直隐含在人与城市的空间之中，从而转变为城市生活的重要组成部分。它既包含了有形的展示行为及展示结果，也包含了人类潜意识中对于生活与文化的展示理念。从狭义的角度来看，城市的文化展示行为集中在以博物馆为代表的具体场所之中，其中以空间展览与文化活动为主要代表。博物馆的展览是集中展现人类文明进程与城市文化的空间场所，它是基于馆舍与限定场所展开的对历史文明与文化的展示，因而会把博物馆等同于一种理想的文化展示场所。同时，以文

98　黄建成. 空间展示设计 [M]. 北京：北京大学出版社, 2012:9.

化活动、博览会、展览会为类型的展示方式，同样是城市文化展示的重要组成部分。

（二）文化遗产的阐释与展示

文化遗产构成、延续并继续创造着城市文化。从文化遗产持续于城市文化的影响来看，文化遗产不应是一个静止于历史之中的封闭状态，而应在历史进程与城市生活中持续其生命与意义，从而使其文化遗产的价值得以在不同的历史时期被城市人不断诠释与理解。因此，针对文化遗产的传播问题，是对文化遗产之于城市文化意义探讨的另一关键。从内容上看，文化遗产可以看作一个被展示的内容，文化遗产所涉及的物质与非物质性的遗产归类，自然具备了一种被展示的可能，其隐含的历史价值、人文价值、美学价值提供了城市文化得以继承的文化根基。城市是文化遗产得以存在的空间基础，无论是街道还是馆舍内的空间，都提供了文化遗产得以传播的空间载体。展示则是具体的传播手段，博物馆性所蕴含的教育、传播等属性，通过展示的方式得以与城市人群发生关联。

文化遗产的展示，即把具有历史、文化属性的物、建筑、信息、记忆等通过一系列的阐释、展示与传播行为将其内容具体地在空间中呈现出来，并得到受众的反馈。《威尼斯宪章》[99] 提到遗产展示的目的："世世代代人民的历史文物建筑，饱含着从过去的年月传下来的信息，是人民千百年传统的活的见证。人民越来越认识到人类各种价值的统一性，从而把古代的纪念物看作共同的遗产。大家承认，为子孙后代而妥善地保护它们是我们共同的责任。我们必须真实地把它们的全部信息传下去"。在"修复"部分中指出："文物建筑须以适当的方式清理并展示它们。"在展示的过程中，针对文化遗产的"阐释"是另一关键过程，在《巴拉宪章》中，阐释的定义为"展示某地遗产地文化价

<hr>

99　ICOMOS. International Charter for The Conservation and Restoration of Monuments and Sites(The Venice Charter)[EB/OL]. (1964-05-31)[2018-04-01]. http://www. International. icomos.org/charters/venice_e.pdf.

值的所有方式"。英国遗产协会将阐释含义解释为："将一个地方或物品的意义传达给人们的过程，从而使人们可以更加享受其意义、更好地理解他们的遗产和环境、积极增强他们对保护的积极态度。"[100] 在《文化遗产阐释与展示宪章》中，针对历史遗址阐释与展示作了详细的定义，使阐释与展示的概念得到了明晰的界定：

阐释：指一切可能的、旨在提高公众意识、增进公众对文化遗产地理解的活动。这些行为包含印刷品和电子出版物、公共讲座、现场及场外设施、教育项目、社区活动，以及对阐释过程本身的持续研究、培训和评估。

展示：指在文化遗产地通过对阐释信息的安排、直接的接触，以及展示设施等有计划地传播阐释内容。可通过各种技术手段传达信息，包括（但不限于）信息板、博物馆展览、精心设计的游览路线、讲座和参观讲解、多媒体应用和网站等。[101]

从《文化遗产阐释与展示宪章》中所谈到的"展示"内容与形式可以看出，展示的概念是一个较为复杂并囊括了多种形式的复合结构。它包含了从语言层面上对展示与相关行为的理解。阐释与展示是不可分离的两个核心，若将展示看作是对文化遗产的解码传播，那么阐释则是对文化遗产的历史、内涵与深层文本的编码构建。阐释是文化遗产得以展示的观念与价值依据，没有对文化遗产的正确阐释与发掘，展示则变成了一种悬于历史之上的空洞形式。展示是对阐释进一步的呈现与传播的手段，没有展示行为对文化遗产阐释的介入，阐释也仅能以观念与静态的方式存在于文本之中。因此，针对文化遗产的展示，"阐释"与"展示"是其两个不可分割的统一整体。

（三）空间展示之于城市的解读——城市作为展示空间

自人类文明诞生以来，城市作为容纳人类文明的场所，成为人类文

100　PIESSENE A. Explaining Our World-An Approach to the Art of Environmental Interpretation[M]. London: E&Fn Spon, 1991: 1.
101　ICOMOS. The Icomos Charter for the Interpretation and Presentation of Culture Heritage Sites[EB/OL]. (2018-10) [2018-04-01]. http://www.international.icomos.org/charters/interpretation_e.pdf.

明得以保护并传播的容器。城市从来不是静止的，其所包含的文化遗产、人类活动、事件等众多因素推动着城市成为一个持续传播文化的永动机。我们若将城市文化看作是一个城市最为重要的内涵特征，那么城市的空间本体则是城市文化最重要的发生场。城市文化是城市人群生存状况、行为方式、精神特征及城市风貌的总体形态，是属于这个城市生活的完整价值体系[102]。而城市文化得以传播的基础，其根本原因在于城市自身所具有的一种展示场所的性质，它提供了城市文化得以生存、传播与继承的基本条件。

城市展示着城市风貌与地域特色。从整体上理解，城市是一个空间集合，作为人类文明产生与发展的场所，城市空间涵盖了人类活动的各种空间结果。城市由建筑、街道、广场、基础设施、公园景观、公共艺术等各类子空间组成，这些因素构成了人类对于城市空间的基础感知。人们在这些因素之上可以直观地感受到其内涵所隐含的文化特征与视觉感受。受限于地域与文化的不同，这些因素又构成了一座城市最为差异性的组成元素。正如凯文·林奇将人们对一座城市的印象可归纳为"道路""边界""区域""节点""标志物"五个主要元素[103]，并认为各元素之间的关联构成了人对城市的意象基础。城市历史进程所形成的风貌结果，具有一种天然的辨识性，一座城市的空间不仅是一种功能与容器的理解，更应该被视作一种传播的内容。或者我们可以将城市空间看作是一个人与城市文化之间的媒介，若从麦克卢汉所谈的"媒介即信息"来理解，城市空间作为媒介所具有的信息属性，来自于城市的风貌特征。城市的风貌有着多方面的促成原因，但对于一座具有历史性与博物馆性的城市来看，文化遗产与文化建设，是城市风貌形成的最为关键的因素。

城市展示着文化遗产与城市记忆。城市作为一个动态的发展过程，

102　单霁翔. 文化遗产保护与城市文化建设 [M]. 北京：中国建筑工业出版社, 2018:184.
103　凯文·林奇. 城市意象 [M]. 方益萍, 何晓君, 译. 北京：中国建筑工业出版社, 2017.

其进程中包含了大量的历史遗存与文化痕迹。随着城市的历史进程，这些文化遗存与文化痕迹有的继续存在于城市空间之中，有的则融入城市生活与文化观念的细微之处，形成了一座城市特有的文化现象。但是从城市人的视角来看，随着人的认知与成长，这些历史遗存与文化痕迹则成为人经验之下的城市记忆。这些记忆形成了人们对于城市文化与身份的文化认同，继而对这些记忆保存并予以保护。正如冯骥才先生所言："城市和人一样，也有记忆，因为他有着完整的生命历史。从胚胎、童年、兴旺的青年到成熟的今天——这个丰富、坎坷而独特的过程全部默默地记忆在它巨大的城市肌体里。一代代人创造了它之后纷纷离去，却把记忆留在了城市之中。"[104] 城市作为一种展示场所提供的不仅是一种记忆中的历史，更是一种埋藏在城市空间之中的文本内容，这些内容有的是令人深刻的建筑、遗址或景观，有的则是与现实场景毫无关系但却在历史之中产生的记忆关联。城市所具有的展示空间的特质，带有一种记忆数据库的属性，它根据每个人的记忆存在而随时调动，继而存在于人的无形记忆与现实认知之中。又如芒福德所言："人类的每一种功能作用，人类相互交往中的每一种誓言，每一项技术上的进展，规划建筑方面的每一种风格形式，所有的这些，都可以在他拥挤的市中心区找到。"[105] 这些记忆依附于物质性与非物质性的文化遗产之中，通过城市的空间得以向人们传达相关内容。

城市作为展示场所，蕴含着文化教育与文明传承。若将城市的空间看作是人类赖以生存的容器，那么这个容器之内包含了人类繁衍与进化最为重要的特征：教育与传承。

城市的教育不仅发生在具有教学属性的学校之中，更存在于城市中那些具有教育性质的公共空间与文化活动之中。对城市内的居民来说，城市之中的博物馆、图书馆、植物园等博物馆性机构，成为学校之外最

104　冯骥才. 思想者独行 [M]. 石家庄：花山文艺出版社, 2005:22.
105　刘易斯·芒福德. 城市发展史——起源、演变和前景 [M]. 宋俊岭，
　　　倪文彦，译. 北京：中国建筑工业出版社, 2005:573.

为重要的教育机构。城市空间不同于学校具有"体系"的教育模式，它提供的是另一种"非线性"的教育模式，城市人游走在各种具有博物馆属性的馆舍与场所之中，形成了一种更为开放的学习过程，换句话说，学习是城市生活的一部分。城市的教育不仅仅存在于墙体围合的馆舍，更存在于人们日常生活的城市开放空间，道路中艺术性的雕塑或公共艺术是陶冶城市居民审美的重要节点，城市日常的法规教育着城市人的行为规范，公共空间的艺术活动则是美育的重要补充……城市空间具有与博物馆和教育机构同样的教育性质，从博物馆角度来看，城市空间可以看作是一种"泛博物馆"。城市空间之内的文化遗产是城市教育最为重要的组成部分，它构成了博物馆与公共空间教育的基本内容与基本对象，因地域性的不同，文化遗产为不同的城市提供了差异性的教育底本，进而构建了人类整体文明的多样性与差异性。

综上所述，文化遗产与空间展示作为城市文化的核心组成，构成了一座具有博物馆属性城市的基本结构。从博物馆的角度来反观城市，强调的是文化遗产之于城市文化的意义。从城市的角度来审视博物馆，强调的是博物馆在城市视野下传播场所与边界的扩展。两者之间的关系并非各自独立，而是存在着内容与传播属性的多向交织。这种多向交织性的结果，构成了博物馆城市的特征与类型。

第五节　本章小结

本章明确了博物馆城市生成的依据、属性、目的与呈现方式，形成了博物馆城市这一理论的基础架构。本章首先从博物馆与城市二者概念入手，提出了博物馆城市这一概念得以建构的理论基础。本章所提出的"看待城市的博物馆视角"，是从博物馆的视角重新审视城市研究的可能，而进一步提出从"视野"到"视角"再到"生成"的三个思维转变过程，一方面是博物馆城市的具体思维路径，另一方面则反映了博物馆城市所具有的特质：一种系统整体思维下的城市价值。博物馆城市这一概念作为城市概念的延续与可能，建立在具有"城市文化性"的博物馆机构与具有"博物馆性"的城市空间二者同构基础之上。作为博物馆城市的构成核心，文化遗产与城市空间展示共同对应了作为一种泛文化机构下的内容与媒介：文化遗产是博物馆城市得以成立的内容基础，它赋予了博物馆城市的历史性、文化性与价值性。城市空间展示则是文化遗产得以传播，使城市具有城市博物馆属性的必要条件。文化遗产与空间展示，构成了博物馆城市的"博物馆性""可参观性"与"空间叙事性"三个基本属性。

第三章

博物馆城市的类型特征——世界案例观察

作为以文化遗产展示为核心的城市研究，通过对博物馆城市类型的建立与区分，是分析博物馆城市特征内涵、构建博物馆城市生成策略的必要途径。城市中所包含的文化遗产类型决定了博物馆城市所体现的"博物馆"特征，基于城市文化遗产的分类，本章将博物馆城市分为"历史遗迹""城市风貌""众多博物馆机构""城市记忆""艺术活动"五种具体特征类型。其中，城市的"历史遗迹""城市风貌"与"博物馆机构"是城市历史的有形见证，是城市物质文化遗产的核心构成。"城市记忆"与"艺术活动"则是城市文化的无形历史，包含了城市非物质文化遗产的内容。五种类型特征相互交织，形成了博物馆城市得以建构的不同视角。

第一节　以历史遗迹为特征

一、城市历史遗迹

城市历史遗迹，指的是保存于城市中的历史建筑遗址，以及人类在长时间的文明进程中对自然的改造行为所保留的文明痕迹。如城市中民居、寺庙、村落、宫殿、桥梁等众多人类的建造行为，都构成了废墟遗址的多元组成。城市的历史遗迹是人类文明进程的见证物，从不同侧面反映了特定历史与环境下的人类行为、社会关系与生态环境等。历史遗迹所体现的岁月痕迹真实地记录着遗址的历史信息，反映着特定历史的真实性价值，构成了人类最为重要的历史文化遗产。

城市历史遗迹是现代文化遗产保护的重要组成部分，早在1933年《雅典宪章》（*The Athens Charter*）中就提出将"有价值的建筑和地区"作为文化遗产保护的对象，后续包括联合国教科文组织与国际古迹遗址理事会提出的众多宪章与准则[106]都将历史遗迹作为城市历史保护的核心部分。而针对文化遗迹的保护与展示，是延续城市历史、展示城市文化的有效手段。一方面，作为历史城市构成的主体，历史遗迹是一座历史性城市空间构成的基础，是城市历史性意象凸显的关键因素。在城市发展过程中，城市遗留的文化遗址是城市历史的重要组成部分，当代城市空间中的历史遗迹，是城市历史的有形见证。另一方面，今天的城市来自于一种历史结果，虽然城市中有些历史遗迹早已消失，但逝去的历史遗迹对历史环境与当代城市风貌形成所起到的关键作用与相关机制，对于当代的城市空间设计仍有重要的参考价值。

从类型上来看，历史遗迹可以分以下类型：

遗迹片区类：城市中众多历史遗迹组成的历史区域，如古建筑遗址群落、历史旧城片区遗迹、古村落等；

历史街区类：城市中具有历史的街巷遗址、城市保留的轴线遗迹等；

古建筑类：历史文物建筑，包含城市在古代、近现代发展过程中有着重要历史价值的建筑物与构筑物；

遗址类：地上废墟遗址，地下已发掘或未发掘的历史遗迹，包括墓穴、石刻等；

环境类：具有历史价值的自然景观、风景园林等环境类遗迹。

二、废墟视角下的城市历史遗迹

城市中的历史遗迹有着多重的"废墟性"特征。虽然废墟作为一种状态事实一直存在于人类文明的发展历程中，但在东西方文化观念中对于废墟的认知却不尽相同，并且对于废墟所蕴含的文化内涵与审美特征有着不同的认知。废墟作为一种历史与美学所被探讨的对象，主要起始于西方文艺复兴时期对于古希腊与古罗马建筑与雕塑的回溯与探寻，不

---

106 包括联合国教科文组织（UNESCO）的《保护世界文化和自然遗产公约》（1972 年）、《关于历史地区的保护及其当代作用的建议》（1976 年）、《保护非物质文化遗产公约》（2003 年）、《关于历史型城市景观的建议书》（2011 年）等。国际古迹遗址理事会的（ICOMOS）的《华盛顿宪章》（1987 年）、《西安宣言》（2005 年）、《保护和管理历史城市、城镇和城市历史地段的瓦莱塔准则》（2011 年）等。

同于过往对于废墟的忽视与仅限于"荒废"层面的解读，人们开始深刻认识到遗址表面的废墟状态下所蕴含的过去历史与当下文明的关联，开始重新审视废墟下所隐含的文明历史、文化价值与美学内涵。废墟逐渐成为文学创作与美学探讨的重要对象。18世纪，随着卢梭为代表的浪漫主义对废墟进行再度诠释，继而发现城市废墟中所蕴含的城市美学与文化特性，对废墟多愁善感的缅怀才终于渗透进各个文化领域，废弃的城市建筑、街道、园林、教堂都成为艺术所表现的主题[107]。19世纪，波德莱尔与本雅明相继对城市废墟进行深入描述，废墟具有了较为完整的美学理论。

通过废墟的视角来审视文化遗址与城市的相互关系，聚焦于两个层面：

第一，废墟作为城市。即城市在长时间进程中所产生的一种与废墟的同构关系，城市与废墟是一对不可分离的概念。废墟是城市的一种状态，它存在于城市自身发展的过程之中。在人类文明的发展过程中，众多城市呈现出从无到有，从兴盛到毁灭，进而废墟化的演进过程，城市自身具有一种可被"废墟性"的可能。对于城市来说，其本身就是一种由废墟叠合而成的空间事实。城市由废墟而来，在废墟的基础上生长，最终又会回到一种废墟状态。而历史进程中的城市大多处在重复这种循环往复的递进过程中。正如矶崎新在飞机中俯视被原子弹炸毁的广岛而产生对城市废墟的理解，若在一个长时间的视野中去审视，城市的建设与摧毁是在同一时间范围内共存的。废墟既存在于城市的过去，也存在于城市的当代进程与城市的未来之中。因此将城市看作为一种废墟状态，意在揭示城市作为一种文明痕迹在时间历程中所呈现的共识性与历时性的统一状态。

第二，废墟作为文化遗产。随着城市的发展，城市所呈现的废墟状态，不断"纠缠"着城市的后续发展。一方面，随着更长时间跨度的推移，

107 巫鸿. 废墟的故事：中国美术和视觉文化的"在场"与"缺席"[M].
上海：上海人民出版社，2012:10.

人们对废墟的感知由"荒废感"逐渐转变为"历史感",人们开始更多地关注这些废墟所包含的历史价值与文化内容。废墟不再仅仅是遗弃的构筑物,而是逐渐成为城市中不断被人们触及和重视的文化遗产。另一方面,废墟作为一种被保护的历史遗产,影响着城市的整体规划与整体风貌,使城市成为历史废墟在当代的延续与扩展。"当充满活力和意义的内容处于中性状态时,结构的形象和设计就显得更加清晰,这有点像在自然或人为灾害的破坏下,城市的建筑遭到遗弃且只剩下骨骼一样。人们并不会轻易地忘记这种再也无人居住的城市,因为其中所萦绕的意义和文化使她免于回归自然……"[108] 从城市文化的角度来看,废墟之于城市的价值不仅在于历史的记录与承载,更在于其作为一种文化遗产的历史符号对于城市未来的启迪与发展。城市空间成为废墟得以存在、展示与传播的场所。因人而存在的城市空间,城市中的文化遗址成为城市人不断观看的对象,从城市的角度来理解,城市空间构成了文化遗址的展示场所,文化遗址则成为城市向城市人表述历史、见证人类文明的"展示物"。废墟所承载的历史信息、构筑状态成为一座城市最为代表性的符号特征。废墟作为城市最重要的文化遗产,使得城市成为保护废墟、传播历史信息的博物馆场所。

三、以罗马为例

(一)罗马概况

罗马是一座充满了历史痕迹的城市,自公元前 8 世纪罗马城市开始建设,古罗马城市围绕台伯河岸不断发展,河岸周围的七座山丘:帕拉丁山、阿温丁山、卡比托利欧山、奎利诺山、维米那勒山、艾斯奎利诺山与西利欧山成为罗马城市形成的环境基础,罗马因此也被称作为"七丘之城"。公元 27 年,罗马进入历史上最为辉煌的时期。作为罗马帝

---

108 阿尔多·罗西. 城市建筑学 [M]. 黄士钧,译. 北京:中国建筑工业出版社,2006:5.

国的中心，罗马城成为罗马帝国的形象标识，源自古伊特鲁里亚与希腊的文化积淀，使得罗马的建筑与城市建设有了明晰的规则与秩序。自罗马帝国第一位皇帝奥古斯都开始，罗马城市开始在砖与混凝土的基础上不断装饰大理石与石灰华，厚实的砖石墙体、半圆形拱券与柱式结构使得建筑具有了如古希腊建筑遗址般的永恒基础。而后经西哥特时代、教会时代、文艺复兴、启蒙运动、拿破仑时代与当下的意大利共和国，罗马成为一座跨越人类长时间历史、聚集众多历史文化遗产的历史名城。当代的罗马城就像是一座历史碎片的集中地，时间所遗留下的历史遗迹将其塑造成为基于城市体量、具有历史叙事属性的博物馆城市。

（二）罗马城市遗迹的形成

从罗马城市文化遗产的保护与展示来看，当代罗马城市博物馆化的形成原因存在以下几个方面：

1. 罗马城市自身的历史发展带来的建筑废墟遗迹，它形成于罗马的兴建、衰败与复兴的过程中，成为城市最为重要的文化遗产痕迹，其独有的历史背景所产生的价值与内涵，使得罗马这座城市具有独一无二的文化价值。

罗马城市废墟的形成可以说是与城市的建设同时进行的。正如罗马广为流传的谚语："罗马不是一天建成的"（Rome was not built in a day）[109]。其字里行间揭示了罗马城市独一无二的特质：一座有着长时间建设痕迹与众多历史积淀的历史城市。在历届统治者持续的修建之下，罗马城不断地扩展与完善，成为一座穿越几个世纪文明的历史博物馆。

罗马城中随处可见历史遗留的废墟与建筑遗产。在罗马城市的核心区域中，面积最大的废墟则是形成于公元前 600 年的古罗马城市废墟（Foro Romano）。今天的古罗马城市废墟主要位于帕拉丁山（Palatine）与卡比托利欧山（Capitoline）之间，包含了大量的古罗

109　此谚语源自希腊罗穆路斯兄弟的传说。

马废墟遗址与考古发掘现场。古罗马最早的神社与寺庙位于古罗马废墟的东南部分，而司法与办公机构位于古罗马遗址的西北方向。其中包含了罗马帝国崛起后所修建的塞维鲁浴场（Terme Severiane）、君士坦丁凯旋门（Arco di Costantino）、马森齐奥皇帝圣殿（Basilica di Massenzio）、艾米莉亚大教堂（Basillica Aemilia）、马梅尔定监狱（Carcere Mamertino）、凯撒广场（Foro di Cesare）、和平神庙（Tempoio Della Pace）、拉丁门（Porta Latina）、圣切萨雷奥教堂（Chiesa di San Cesareo in Palatio）、卡拉卡拉浴场（Terme di Caracalla）、罗马斗兽场（Colosseo）等。在整个罗马市区中，同样大量分布着罗马帝国时期的众多文化遗产与废墟遗址，包括公元118年重建的万神殿（Pantheon）、公元139年建成的圣天使堡（Castel Sant'Angelo）、公元145年建成的哈德良神庙（Temple of Hadrian）、自公元5世纪开始建造的圣彼得大教堂（Basilica di San Pietro in Vaticano），以及梵蒂冈与加林宫等组成的现有梵蒂冈国建筑群，此外，还有文艺复兴时期修建的梵蒂冈城墙、梵蒂冈图书馆（Bibliotheca Apostolica Vaticana）和西斯廷大教堂（Sistine Chapel）等。众多历史遗址密集地分布于罗马的城市之中，并伴随着罗马城市千年来的不断发展，使罗马成为一座包含众多历史内容与历史事实的"永恒之城"。

2. 罗马管理者对于城市文化遗产的保护与继承意识，使得罗马城市遗迹在长时间的历史进程中免于战争、政权更替与自然灾害所带来的毁灭。对城市文化遗产的重视，使得建筑遗产成为城市发展与建设最为重要的参考坐标。

古罗马时期，城市遗产与废墟的保护就已经被城市管理者所重视。在罗马共和国时期，罗马皇帝马约里安于公元458年颁布的法令中写道：

"我们，国家的统治者，必须拥有保存我们古老庄严而美丽的城市的眼界，致力于结束这种已经激起义愤的陋习……辉煌杰出的古代建筑被推倒，到处是被拆毁的伟大建筑，仅仅为了建立一个微不足道的房屋……因此我们以宇宙之法命令，所有古代建立的建筑物，用于公共目的或装饰的庙宇或其他纪念物，从此不许被破坏，也不应该被任何人染指。"[110]

罗马管理者将建筑保护看作是审视城市规划的一项重要参考内容，罗马城市的废墟得以保留至今日，有着历史的偶然与人为的必然。从世界历史来看，一座代表着权利与政治中心的城市，往往会在朝代与权力更替中走向毁灭。如西班牙人占领特诺奇蒂特兰，将阿兹特克人所建的城市建筑与街道历尽毁灭，从而消除阿兹特克文明的痕迹进而建立新的墨西哥城。罗马城同样也经历着战争与政权的更替所带来的城市劫难，包括公元前4世纪高卢人入侵古罗马[111]、公元410年西哥特人入侵罗马、公元5世纪拜占庭皇帝查士丁宁攻陷罗马以及伦巴第人入侵罗马期间对罗马帝国城市的破坏，等等[112]。罗马城是在文明冲突与纠缠的过程中逐步形成的。在罗马的城市政权的演进中，新的政权有意识地继承其前者的遗迹，进而求得古罗马与古希腊历史继承的合法性与文化认同。中世纪教会接管罗马，教会态度的改变让古罗马城市得以保留，虽然早期基督徒将罗马建筑当作异端进行破坏，但最终教会仍选择将万神庙在内的众多古罗马建筑改建成为教义服务的教堂。文艺复兴时期的罗马继承了古帝国时期罗马文明的辉煌，进而推动罗马走向新的历史进程。从皮特拉克时代起，人文主义者就不断呼吁保护罗马古迹[113]。教皇马丁五世（Martin V）在1425年开始颁布保护法令，任命城市保护官，专门用以督察与执行城市建筑遗迹的保护。教皇庇护二世对于罗马古建筑有着浓厚的兴趣，包括在1462年4月签署的罗马保护文件在内，庇护二世在位期间通过颁布一系列法律来保护罗马的古迹免遭进一步的破坏。

110 安东尼·腾. 世界伟大城市的保护 [M]. 郝笑丛, 译. 北京: 清华大学出版社, 2014, 31.
111 克里斯托弗·希伯特. 罗马: 一座城市的兴衰史 [M]. 孙力, 译. 南京: 译林出版社, 2018:18.
112 同上 :96.
113 陆地. 罗马大斗兽场——一个建筑、一部浓缩的建筑保护与修复史 [J]. 建筑师, 2006:8.

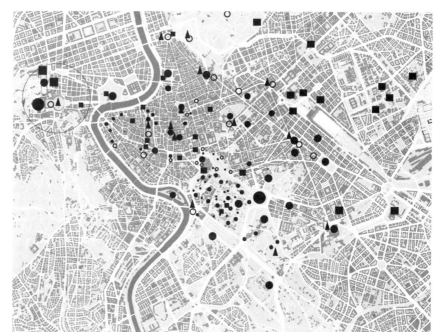

罗马历史遗迹

■ 博物馆

● 历史遗迹

▲ 方尖碑

○ 广场

古罗马废墟

罗马历史风貌

左：万神殿　右：圣天使堡

古罗马斗兽场

同时，罗马开始在城市中明确以古罗马市场为代表的考古公园在整个罗马城市规划中的核心位置，整个古罗马市场在力图保护遗址的基础之上重现其原有的城市结构与街道肌理，成为罗马城市最重要的历史遗址之一。在文艺复兴时期，卡比托利欧山以西的区域一直处于留白的状态，为的是能够保存原有古罗马城市遗址的发掘与景观再造……随着 19 世纪博物馆学与考古学的发展，罗马古迹得以进一步地保护与发掘，城市管理者愈发地认识到罗马遗迹的珍贵性，整座城市被当作一座博物馆里的无价之宝来认真对待 [114]。罗马城市管理者将罗马历史遗迹视为人类文明最重要的文化遗产，从文艺复兴时期所建立的遗产保护观念一直延续至当代，并成为罗马城市发展的潜在规律。而城市中的历史遗迹，则为罗马日后的城市建设提供了明确的参考核心与发展方向。

3. 在罗马城市长时间的历史发展过程中，城市管理者有意识地将罗马塑造为一个展示城市文化的空间场所，罗马城市中的街道、纪念物、广场被刻意地营造为一种可被参观的文化景观，使罗马整个城市具有一种历史遗迹的可参观性。

在宗教改革的后期，教会尝试将罗马变为一个可供全欧洲教徒来膜拜的城市。16 世纪，为了重现罗马昔日辉煌，向世人展示罗马城辉煌的历史与成就，教皇西克斯图斯五世（Sixtus V, 1585—1590 年在位）在 3 世纪的古罗马城市遗址之上开始新的罗马城规划，其关键手法是在广场或教堂等关键节点重新布置早年由埃及运至罗马的重要文物——埃及方尖碑，以方尖碑作为基点，以此来形成新的城市路网结构。在具体的设计中，教皇西克斯图斯在罗马城中重置了 4 座方尖碑的位置，将每一座方尖碑对应着一座主教教堂，并将方尖碑移至关键视觉焦点来作为道路轴线两端的主要视觉对景。例如在 1586 年，将"中心方尖碑"由赛马场旧址移动到圣彼得大教堂前面的广场，将"第二方尖碑"移至波波

---

114 安东尼·腾．世界伟大城市的保护：历史大都会的毁灭与重建 [M]．
郝笑丛，译．北京：清华大学出版社，2014：62．

罗广场中心等。方尖碑的设置同时满足教会对于朝圣的需要，西克斯图斯对波波罗广场方尖碑到圣玛利亚教堂之间的道路系统进行改建，设计宽阔与笔直的大路代替中世纪弯曲的小型道路，这条道路被称为"斯特拉达·费力切轴线"。在轴线中，位于波波罗广场、西班牙广场与圣玛利亚教堂的三座方尖碑成为轴线中的三个视觉节点。从波波罗广场分支出的两条街道，分别到达西班牙广场台阶与圣玛利亚教堂。轴线以此为框架，支配着从街道立面到街道周围区域的整体视觉[115]。同时，西克斯图斯五世设计了与"斯特拉达·费力切轴线"近垂直相交的"斯特拉达·皮娅轴线"，使得城市路网结构更加完整。西克斯图斯五世对罗马的改造奠定了 17 世纪罗马巴洛克风格的基础。在众多方尖碑作为节点的控制之下，罗马城连接成一个不断连续、运动的都市景观[116]。另外，西克斯图斯五世重视对于古罗马输水道的修复，他首先修复了罗马的供水系统，并将它的名字重新命名为费力切高架渠，使得罗马拥有更充足的供水，屹立在城市节点的 27 个喷泉成为重要的城市景观的一部分。以贝尔尼尼为代表的雕塑家开始对罗马进行城市的文艺复兴，包括 1648 年至 1651 年建造的纳沃纳广场前的巴洛克风格喷泉、1656 年至 1667 年修建的圣彼得大教堂前广场的双臂回廊，以及 1667 年修建的圣天使桥上的 12 座天使雕像等。贝尔尼尼通过持续的艺术语言创造着广场与节点的景观，继而将罗马塑造成了众多景观串连的集合。在一群伟大的艺术家和建筑师共同合作之下，文艺复兴时期的教皇们建立起一个大都市，这里的城市景观元素都有意识地相互关联，产生艺术影响力[117]。在文艺复兴时期艺术家的视野之下，城市成为一个由景观构成的艺术整体。城市之中建筑所围合的街道与广场，成为罗马城市景观设计最为重要的组成部分，街道、广场与景观三者之间的关系，影响着作为景观而存在的城市肌理与建筑立面。笔直的街道提供贯穿的视线，在街道的端点则

115 曹昊. 永恒之城：罗马历史城市建筑图说 [M]. 北京：化学工业出版社，2015:12.
116 埃德蒙·N·培根. 城市设计 [M]. 黄富厢，朱琪，译. 北京：中国建筑工业出版社，2003:137.
117 安东尼·腾. 世界伟大城市的保护：历史大都会的毁灭与重建 [M]. 郝笑丛，译. 北京：清华大学出版社，2014:45.

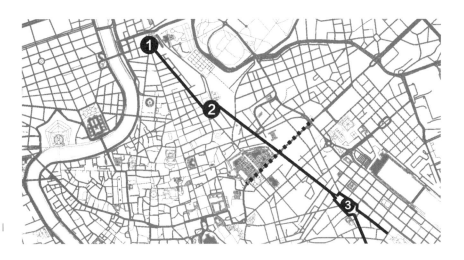

斯特拉达·皮娅轴线　　　　　　　　　斯特拉达·费力切轴线
1 波波罗广场方尖碑　　　　2 西班牙广场方尖碑　　　　3 圣玛利亚教堂方尖碑

通过吸引眼球的视觉元素来塑造广场，进而完成整个视觉链。17 到 18 世纪，罗马又相继建设了众多的城市景观，包括西班牙台阶、特莱维喷泉等。

（三）作为博物馆的罗马

罗马城中丰富的历史遗迹，将罗马塑造成为一个有着深厚历史文化与丰厚文化遗产的文化宝库。罗马城市所遗留的大量建筑废墟遗址与历史建筑，成为罗马最为重要的文化遗产。从城市的角度来看，罗马是一部记录着罗马历史与众多文化遗产的纪念碑，罗马今天所形成的城市景观与城市形象，来自于其城市空间内废墟遗址与历史建筑所形成的整体城市风貌。分布在城市中的众多历史遗址与废墟对应着罗马城市历史的各个历史片段，将罗马城塑造为一个城市体量的巨型展示场所。从博物馆的角度来看，罗马城市自身是一个基于罗马历史的大型博物馆，在1887年罗马的第一份总体规划中，就明确了罗马的城市功能属性："这个城市的功能是作为一个历史已被公认的活的博物馆。"[118] 在1962年的城市总体规划中，强调了对罗马城墙内所有历史结构的保存，建立起对整个历史城市形态的整体保护。今天的罗马成为一个不断被参观与阅读的历史博物馆，不同历史时期的建筑遗产与废墟成为被观众观看的文物，街道则成为行走在文物之间的参观路径。在这个过程中，参观与保护成为这座城市建设与发展的两个主要推动因素，城市的主要功能也隐性地成为一种为保护历史与展示文化而存在的大体量博物馆。这座城市通过城市遗产告知我们的过去，更启迪着我们的未来。时间是流逝的，但时间所遗留在城市之中的痕迹却在不断被后人所继承与阅读。

另外，虽然梵蒂冈与意大利罗马在现有国家界限中被视为两个独立个体，但两者之间却贯穿着不可分割的城市文化的整体性，进而建构了罗马从古至今的历史文脉，罗马与梵蒂冈所存在的大量历史建筑在当代已成为展示罗马历史文化的博物馆场所。值得注意的是，梵蒂冈与罗马在展示城市文化的具体内容与类型上有着明显不同：作为历代教皇统治的中心，以圣彼得大教堂与西斯汀大教堂为代表的教廷场所收藏了大量的古埃及、古希腊与古罗马文物，其中包含着拉奥孔雕像、西斯廷教堂天顶画、太阳神阿波罗雕像等著名的历史文物。罗马城市内的文物虽没有梵蒂冈内的藏品那么丰富，但丰富的城市空间提供了更多原有历史信息的场景，二者相互映照，共同还原着罗马辉煌的历史与文化。无论是梵蒂冈圣彼得大教堂、梵蒂冈博物馆，还是罗马斗兽场、万神殿，都不只是存在于历史之中的静止文物，而是通过可参观的展览空间使得罗马历史的信息与故事得以在当代城市空间里传播。作为博物馆的城市与作为城市文化载体的历史遗迹，共同将当代罗马的城市形象定格在历史之中。

118　安东尼·腾. 世界伟大城市的保护：历史大都会的毁灭与重建 [M].
　　　郝笑丛，译. 北京：清华大学出版社，2014:279.

第二节　以城市整体历史风貌为特征

一、城市历史风貌作为文化遗产

城市风貌是城市规划与城市设计研究中的重要概念。城市风貌是一座城市在长时间的发展过程中所形成的自然环境、建筑形态、文化结构等多方面的特征，是"在其发展过程中由历史积淀、自然条件、空间形态、文化活动与社会活动等共同作用而产生的"[119]。城市风貌的研究兴起于20世纪60年代，随着现代主义与国际主义在国际城市实践中的盛行，众多城市研究者开始反思城市历史、城市文脉之于城市的意义面向。同时，随着人文地理学中以人地关系论为代表理论的兴起，众多学者开始注意人文事实与地理现象之间的相互作用关系对城市形成的影响作用。艺术性城市、景观性城市、美化性城市等涉及视觉景观和空间形态的城市研究构成城市风貌的主要研究方向，包括西特（C. Sitte）、康泽恩（M. R. G. Conzen）、凯文·林奇在内的多位学者将城市研究视角转移至城市视觉景观、城市认知意象、城市环境行为、城市文化构成等众多方面。除了建筑与城市研究者，众多国际组织同样对城市历史风貌提出了相关的章程，例如《雅典宪章》《关于保护景观和遗址的风貌与特性的建议》《威尼斯宪章》《马丘比丘宪章》《华盛顿宪章》《关于乡土建筑遗产的宪章》《北京宪章》《世界文化多样性宣言》等。

城市历史风貌是对城市风貌中"整体性"与"历史性"两个构成条件的强调，它既包含了城市中具有历史性价值的历史建筑、街道片区、人文景观等众多方面，也强调城市历史风貌的整体与完整。城市历史风貌是一座城市在历史发展进程中所呈现出的一种动态的历史状态，具有整体性、景观性与时间性的特征。城市历史风貌的价值可以从不同的角

119　王建国. 现代城市设计理论和方法 [M]. 南京：东南大学出版社，2004.

度来理解。

从视觉观看的角度，城市的历史风貌直接反映城市历史与地域特色的视觉特征，是一种整体的城市景观。城市文明活动是一个庞大的组合群组，包含了上自建筑建造、下到市井生活的各个方面，城市历史风貌作为城市建造活动最为直接的结果，它反映了一座城市特有的建造思想与城市形制，呈现一座城市最具差异性的气质与特征。城市历史风貌不同于城市景观，其更加注重从整体与宏观层面对一座城市的观看与理解，是对一座城市历史特色的系统观察。

从历史价值的角度，城市历史风貌记录了一座城市最为全面的历史进程。在人类文明发展过程中，城市发展总是受到战争、自然灾害等人为或自然因素的威胁与破坏，很少有城市能在大跨度的历史进程中保存一座城市历史风貌的完整性，因此城市历史风貌具有其特殊的"历史性"价值和"稀缺性"价值，是人类历史文明发展的重要见证与重要文化资产。

从当代城市文化的角度，城市历史风貌为新的城市文化生长提供了基础与根基。作为"历史"的城市风貌，是一座城市最为珍贵的历史资源，城市中的历史建筑、事件痕迹、人文特色等因素构成了一座城市的风貌事实，城市的文化滋生于历史风貌之下，对于新的城市文化生产具有重要的意义。城市风貌构成了一座城市最为重要的城市文化表征。

从人类文明整体的角度，城市历史风貌使得城市成为一种遗产个体。众多不同地域、不同文明映射下的单个城市个体，可以理解为组成人类城市文明丰富成果的基础单位。从这个角度来理解，城市历史风貌不仅是城市中众多文化遗产的集合，更可以将城市历史风貌理解为一种特殊的文化遗产——一种以城市为单位的"集合式"的遗产。这种"集合式"的文化遗产，具有特殊的保护价值与传播价值。因此，一座具有完整历史风貌的城市，可以看作是一个隐含了众多历史信息的、城市体量的大型博物馆，它具备了城市文化的博物馆性与博物馆的城市文化性特征，城市中的建筑、街道、景观、人文特色，都成为这座博物馆中可观看的内容信息。城市历史风貌自身具有的历史内容与价值，是这座博物馆最为重要的研究对象。

二、以爱丁堡为例

（一）爱丁堡城市概况

爱丁堡位于苏格兰中部，处于苏格兰东海岸入海口，面积约为 260 平方千米。爱丁堡是世界著名的历史文化名城，英国苏格兰地区的政治与文化中心，也是苏格兰政府、苏格兰议会与苏格兰最高法院的所在地。公元 7 世纪，诺森伯兰人在此建设了爱丁堡城堡，爱丁堡城堡高于海平面约 130 米，依靠山崖与入海口的地理特点，使得城堡在长时间的历史发展中得以保存与发展。爱丁堡在苏格兰国王的统治下成为高度发达的商业中心，依靠爱丁堡城堡为城市中心，城市逐渐向南部发展，成为苏格兰地区的首都。1707 年，根据苏格兰与英格兰"联盟条约"，苏格兰成为大不列颠王国的组成部分，并成为 18 世纪欧洲人口最稠密的城市之一。19 至 20 世纪，爱丁堡借助金融、印刷、酿造、橡胶工程等传统优势产业，成为英国第二大金融中心（仅次于伦敦）。爱丁堡特有的城市风貌与文化沉淀，使其成为英国最重要的文化城市之一。

（二）爱丁堡城市风貌的形成

爱丁堡主要由两部分组成，分别是呈现中世纪风格的"旧城"和具有 18 世纪新古典主义形式特征的"新城"。旧城自苏格兰王国时期开始建设，有着强烈的中世纪建筑风格。作为城市天际线制高点的爱丁堡城堡影响了整个城市的建设，依靠城堡的建设走势，形成了旧城的主干道——皇家英里大街（Royal Mile）。旧城其他街道则以皇家英里大街为中心与起始点，形成众多南北延伸的子街道，构成了"鱼骨形"爱丁堡旧城的基本风貌[120]。新城则位于旧城的北侧，建设于 18 世纪 70 年代至 19 世纪中叶。新城修建之初是为了解决旧城日益严重的人口拥挤问题。新城由詹姆斯·克雷格（James Craig）进行规划，在爱丁堡城堡脚下修建了王子街与王子街公园，以王子街为界向北规划了适应更多人口居住的新城，新城处于王子街与北部平行的王后街之间，通过棋盘式布局形成整体形态。其中设置了以乔治大街为中心，以东侧的圣安德鲁教堂与西侧夏洛特广场为端点的"工"字形街道布局。乔治大街北侧与南侧分别以英格兰国花玫瑰与苏格兰国花蓟花命名，以此象征联合王国的统一。1801 年，罗伯特·里德（Robert Reed）与威廉·希波尔德（William Hippold）主持了对新城的扩建，与克雷格所设计的新城相似，同样以轴线为中心支撑起城市格局，中轴线连接西侧皇家广场与东侧的德拉蒙德广场，形成主要的街道景观。在 19 世纪 20 年代进入新的阶段，在夏洛特广场以西，进行了第三次的新城扩建，新的规划与前两次新城规划相协调，具有新古典主义的规划特征，并建设了一批重要的城市景观与建筑，包括拉特兰德广场、圣玛丽教堂、圣乔治西教堂等。经历 18 至19 世纪三次扩建，爱丁堡的新城与旧城保持着协调统一，呈现不可分割的城市整体风貌。

（三）作为博物馆的爱丁堡

1. 爱丁堡城市风貌成为"被保护"的文化遗产

1995 年，爱丁堡的旧城和新城作为一个整体被列为联合国教科文组织世界遗产。因其城市历史风貌的完整性与其所具有的特殊历史价值，城市风貌成为爱丁堡这座城市最为重要的文化遗产。作为城市风貌的核心组成，新城与旧城的城市规划格局与众多建筑遗产共同组成了爱丁堡特有的城市风貌。一方面，中世纪的旧城与 18 世纪的新城在空间

---

120 陈煊，魏春雨，廖艳红. 最大化可穿越性体验设计在丘陵城市设计中的运用 —— 以英国爱丁堡新旧城建设为例 [J]. 中国园林, 2012(4):114-118.

上形成了完美的并置，并对欧洲城市规划有着重要的影响。作为中世纪城市发展的历史性见证，对于中世纪以来的欧洲城市设计研究有着重要意义。另一方面，作为一个有着长时间跨度的历史性城市，爱丁堡的旧城与新城在历史进程中基本免于战争与自然灾害的破坏，使得爱丁堡原有的城市格局与建筑面貌能趋向于完整，保存到当代，成为城市保护与发展的代表性案例。

爱丁堡新城与旧城的保护管理主要由三个关键性组织负责，分别是爱丁堡新城保护委员会（Edinburgh New Town Conservation Committee）、爱丁堡旧城复兴信托（Edinburgh Old Town Renewal Trust）与爱丁堡世界遗产信托（Edinburgh World Heritage Trust）。爱丁堡新城保护委员会成立于 1970 年，是政府为历史建筑修复保护而设立的重要机构，在促进全民保护意识、文物资金管理、文物修复等多方面发挥着重要的作用。爱丁堡旧城复兴信托成立于 1985 年，是作为

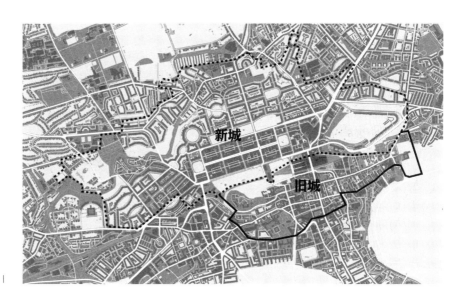

爱丁堡新城与旧城 |

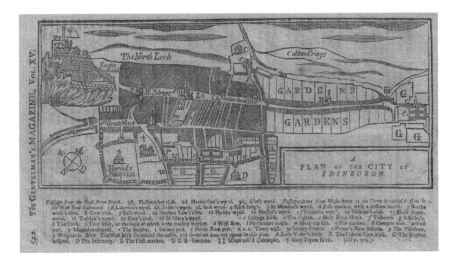

| 1745 年爱丁堡旧城规划

城市文化保护的拨款认证机构。1999 年，爱丁堡世界遗产信托融合并代替了新城保护委员会和旧城复兴信托，爱丁堡新城与旧城中有关世界文化遗产的管理与相关活动则一直由爱丁堡世界遗产信托进行管理规划。该信托资金支持主要来自于爱丁堡市政厅与苏格兰文物局，其管理范围包含了城市内的政府管理机构、遗产活动机构与众多博物馆机构。除此之外，爱丁堡还有科本协会（Cockburn Association）、苏格兰建筑遗产协会（Architectural Heritage Society Scotland）、苏格兰城市信托（Scottish Civic Trust）、苏格兰国家信托（National Trust for Scotland）等民间社团组织[121]，形成了全面的文化遗产管理体系。同时，从国家到地方的政策立法保障了城市风貌在法律上受保护的地位，包括苏格兰政府制定的《城市与乡村规划法》《1979 年古迹及考古地区法》，以及爱丁堡制定的《爱丁堡与洛锡安区结构规划》《爱丁堡城市地方规划》《爱丁堡保护区特色评估》等法律、规划，都对城市文化遗产保护起到了重要作用。

121 朱蓉，吴尧. 爱丁堡旧城和新城的保护管理经验 [J]. 工业建筑，2015(5):6-11.

从旧城视角观看爱丁堡新城

从新城视角观看爱丁堡旧城

爱丁堡城市风貌

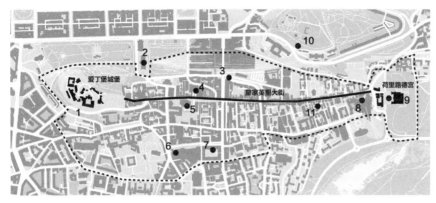

爱丁城堡

皇家英里大街

2. 爱丁堡城市风貌成为"被展示"的城市景观

作为城市风貌重要的组成单位，城市景观、街道、历史建筑共同组成了爱丁堡整体城市风貌展示的三个层级。

爱丁堡在各个时期的城市设计中都考虑到了城市重要节点的观看与展示效果。爱丁堡规划之初将城市中的七座山丘作为主要的城市视点，其中平均海拔在 100 米高度的卡斯特山（Castle）、卡尔顿山（Calton）与亚瑟王宝座山（Arthur's Seat）构成了爱丁堡旧城的主要边界。在这三座山之上，设置了城市的主要景观节点——爱丁城堡、雅典立柱与丘陵景观，成为爱丁堡城市天际线最为重要的视觉节点，进而影响了整个爱丁堡城市的规划与布局。爱丁堡旧城独有的"鱼骨状"规划使得城市街道有着紧凑的观看节奏，依靠爱丁城堡山脊而修建的旧城中心街道——皇家英里大街支撑起旧城主要的景观结构。由皇家英里大街连接的西部爱丁城堡与东部的荷里路德宫构成了爱丁堡旧城的东西边界，包括城堡广场、圣吉尔斯大教堂、草地市场、高街、卡门农等主要文化遗迹与景点都分布在皇家英里大街两侧，成为主要的景观节点。在詹姆斯·克雷格所规划的新城中，同样采取了主景观街道连接双重景观的设计方式，乔治大街作为主干道连接了夏洛特广场与圣安德鲁教堂，呈现出清晰的景观观看视角。同时，考虑到新城与爱丁城堡之间的关系，新城在规划之初只在王子街北侧建设建筑，王子街南侧则成为绿地公园，为爱丁城堡与旧城提供了开放式的观看视角，从而使整个新城的规划遵循于主要景观——爱丁城堡的展示之下。这种一半绿地、一半建筑的规划方式在皇后大街呈对称设计，为后续新城提供了新的展示视角。

爱丁堡城市内的众多历史建筑构成了城市风貌展示的第三个层级，众多建筑遗产所蕴含的文化内涵、事件记忆与历史文化价值构成了爱丁堡城市文化重要的展示内容。其中主要节点包括爱丁堡城堡（Edinburgh

Castle）、荷里路德宫（Palace of Holyroodhouse）、司各特纪念塔（Scott Monument）、苏格兰国家美术馆（National Gallery of Scotland）、苏格兰国家博物馆（National Museum of Scotland）、爱丁堡国会广场（Edinburgh Parliament Square）、纳尔逊纪念碑（Nelson Monument）等。

3. 文化遗产构筑城市教育

爱丁堡城市的公众教育性体现在文化遗产教育、城市文化教育两个方面。

依附于特殊的城市遗产背景，针对世界文化遗产的公众教育构成了爱丁堡城市教育的特点。爱丁堡政府通过学校、行政、管理等城市机构之间多方位的整合，建立起一套世界文化遗产层级化的教育原则。其教育体系包含从小学、中学至大学的教育层级，从而加强不同教育阶段的市民对城市文化遗产的重视与认知。在学术研究层面，爱丁堡大学开设了众多与文化遗产保护相关的专业课程，包括世界文化遗产理论研究、遗产保护研究、城市文化与城市设计等。自 1970 年开始，政府通过高校与研究机构举办十年一届的国际学术论坛，包括 1970 年的"保护乔治亚爱丁堡论坛"、1980 年的"建筑遗产：维护工作的危机论坛"、1990 年的"使城市更加文明论坛"、2000 年的"城市自豪感论坛：在世界遗产城市中居住与工作"等，每届设置的主题与研讨内容都为爱丁堡与世界范围内的文化遗产研究提供了重要的学术成果。同时，爱丁堡体系健全、丰富的教育内容为青少年提供了全面了解文化遗产的教育基础。其中针对儿童与青少年的教育工作构成了爱丁堡城市公共教育的另一重要组成，如爱丁堡恩伯恩协会举办的文化遗产绘画比赛、针对中学生推出的文化遗产设计竞赛等，同时，在爱丁堡中学课程的教育中有着大量的与文化遗产保护、创意设计相关的课程等。

爱丁堡城市内的教育机构众多，包括爱丁堡大学、赫瑞瓦特大学、龙比亚大学等是城市教育的重要组成。除了大学之外，包括苏格兰国家博物馆、苏格兰国家美术馆、爱丁堡城堡博物馆在内的众多文化机构同样是城市教育重要的组成部分。作为教育机构的博物馆通过历史遗产展览、城市文化活动、研究出版等多种途径为公众提供具有差异性的教育内容。例如，作为欧洲遗产日的重要组成部分，每年一届的"爱丁堡城市开放日"（Edinburgh Doors Open Days）[122] 是爱丁堡最为重要的城市活动，在节日当天爱丁堡城市内的众多文化遗产与博物馆都对公众免费开放，吸引着更多的公众了解爱丁堡的历史与文化。

第三节　以众多博物馆机构为特征

一、作为城市"文化设施"与"文化资产"的博物馆机构

博物馆作为一个以收集、展示、研究、阐释文化遗产为特征的综合机构，是一座城市重要的"文化设施"与"文化资产"。

从文化内容的角度来看，博物馆作为一种文化设施，承担着一座城市的文化遗产与城市生活之间的连接作用。通过一种人为设施的设立，成为文化保护与传播的渠道。这些文化设施一方面由城市人主观建设，带有明确的为城市文化服务的目的、措施与职责，是城市文化得以保存与传播最为重要的机构。另一方面则由记忆、事件的场所转化而来，通过转变为文化设施，继而使其在新的城市时代焕发新的功能与存在价值。

从城市文化资产角度来看，博物馆作为一种汇集城市文明的高度集中场所，是城市文化资产的高度汇集。这些文化资产涵盖以下几个方面：

122　开放日活动源自 1984 年的法国开放日，之后这一概念传至欧洲各国。

一是城市的历史文化资产，包含城市中的历史遗迹、生活场景、考古遗址、文学艺术作品、语言文字等。二是城市当下的社会文化资产，包含城市文明产生的物理环境、建筑构筑、公园景观、城市人参与的创意文化产业、艺术活动等。三是城市的形象与影响力，包含城市整体文化对外的影响力、城市品牌、城市气质等。一座城市的文化内容绝不是任何单一片段式的结果，而是所涉及的广阔城市空间、历史人文地理的多重交织与聚集。作为城市文化的载体，城市所具有的博物馆机构数量与城市自身的历史渊源、经济发展等客观因素密不可分，同时也受到当下城市的文化政策、城市定位等主观因素的影响。

从博物馆与城市文化之间的关系结果来看，作为"文化局部的博物馆"与作为"文化整体的城市"之间有着重要的相互关系，而一座城市所具有的博物馆数量与质量，对于一座城市的文化塑造有着重要的作用：历史类、植物类、军事类、艺术类等不同类型、不同主题的博物馆在城市中的聚集，使得城市文化具有明晰的内容建构，城市文化呈现出多元化的内容构成。同时，众多博物馆的聚集更使得城市文化的传播渠道不再仅限于少数权威性博物馆的单一传播，众多社区类博物馆、民俗类博物馆、事件类博物馆、遗址类博物馆、数字类博物馆、艺术中心等在城市中多元的传播过程，使得城市文化有着多元的传播渠道。博物馆的数量在一定程度上反映了一座城市对待城市文化的态度，是一座城市文化生活、文化产业、文化政策如何践行的重要表征。

二、城市中已有的博物馆类型

城市中的博物馆机构有着广泛的分类，《大不列颠百科全书》按照博物馆的具体功能，将博物馆分为三大类别：以绘画、雕塑、工艺等内容为主的艺术类博物馆；以历史内容展示（包括考古遗址、名胜古迹等）

为主的历史类博物馆；以城市科普教育（包括科学、自然科普教育等）为主的自然科学类博物馆。按照《中国大百科全书·博物馆卷》，博物馆被划分为历史类、自然科学类、艺术类、专题类、综合类。

历史类博物馆：历史类博物馆是内容范围最为宽泛的博物馆类型。它呈现国家、地区、民族等随时间进程而呈现的文明痕迹，包含了对世界、国家、民族、地区、社会、政治等历史内容的系统性阐释与展示。考古遗址类、名胜古迹建筑等都属于历史类博物馆范畴。同时，历史类博物馆具有综合类博物馆的属性，因其历史内容的宽泛性，也包含了艺术、自然科学等其他博物馆类型的内容。

自然科学类博物馆：具体包括生物学、古生物学、植物学、动物学、人类学、地理学、岩石学、物理学、化学等自然与科学类内容。其中也包含了实用科学与技术科学类内容。

艺术类博物馆：具体内容为人类艺术历史与创造成果，包含绘画、雕塑、工艺美术、音乐、建筑、文学、摄影、电影、动画、戏剧等艺术门类。

专题类博物馆：以具体的主题、人物事迹、事件等为主要内容，例如企业形象馆、纪念碑、儿童博物馆、盲人博物馆等。

综合类博物馆：综合类博物馆是众多博物馆类型的组合，是涵盖众多内容面向的综合性博物馆。

除了按照内容分类之外，博物馆类型还可按隶属关系、规模大小、受众群体、展示方式、所在地区、政治意识形态与博物馆预算等众多方式来分类。如按照所有者，博物馆可分为：公有博物馆（包括国家、省、市、县博物馆，公立大学博物馆，工会博物馆等）、私有博物馆（公司类博物馆、基金会博物馆、个人博物馆、协会博物馆等）。按照功能，博物馆可分为：纪念类博物馆、教育类博物馆、体验类博物馆等。按照地域等级关系，博物馆可分为：国家博物馆、省博物馆、市博物馆、县博物馆、社区博物馆等。按照场所，博物馆可分为：宫廷博物馆、城堡博物馆、教堂博物馆、乡村博物馆、露天博物馆等。每个国家、地区对博物馆有着不同的划分方式，如美国博物馆协会主张将博物馆划分为 13 个大类与 72 小类[123]。随着时代与文化的发展，城市中的博物馆分类日益丰富，人们对城市中博物馆的认知呈动态发展的趋势，众多新博物馆类型逐渐确立，如：农业博物馆、建筑博物馆、考古博物馆、传记博物馆、汽车博物馆、儿童博物馆、设计博物馆、民族学或人种学博物馆、海事博物馆、军事和战争博物馆、移动博物馆、弹性博物馆等。同时，更多的超越博物馆原有概念边界的新博物馆机构成为当代博物馆的有益补充，众多以非实物收藏为基础的博物馆不断出现，如生态博物馆、虚拟博物馆、景观博物馆、非遗中心、城市创意中心、科学中心等。有些学者也将水族馆、嘉年华主题乐园等参与性场所划入博物馆类型的范畴。

三、以巴黎为例

巴黎是法国的首都，政治、文化、经济中心，也是欧洲大陆上最大的城市。巴黎（Paris）一词来源于公元前 3 世纪中叶居住在巴黎地区的凯尔特人"Parisii"部落。公元 5 世纪法兰克人逐渐移民到巴黎，巴黎逐渐成为文化与商业发达的城市。至 13 世纪，巴黎进入快速发展时期，包括巴黎圣母院在内的代表性建筑相继建成，巴黎逐渐成为法国政治、经济、宗教与文化中心。悠久的历史使巴黎集合了众多历史与文化遗产，而分布在城市中的众多著名博物馆，则是巴黎得以展示其城市文化的重要载体。

（一）文化遗产保护与展示——巴黎博物馆空间的形成因素

巴黎的博物馆形成于以下几个因素，一是法国资产阶级革命（The

French Revolution，又称法国大革命）所催生的"卢浮宫效应"，以卢浮宫为代表的皇家建筑成为集中展示法国历史文化艺术的场所。皇室收藏、战争、殖民等因素所累积的文化与艺术遗产，使得巴黎的博物馆馆藏涵盖了多元的地域文化。二是历届世界博览会的举办促进了巴黎博物馆机构的发展。三是作为世界艺术中心，众多的艺术遗产构成了巴黎博物馆重要的展示内容。

1. 法国资产阶级革命所催生的"卢浮宫效应"。1789 年 7 月 14 日，随着法国资产阶级革命的胜利，法国波旁王朝的统治随之土崩瓦解。作为一场自下而上的近代民主主义革命，其实质结果不仅仅是意识形态与政治上的变革，更影响了法国历史与文化的重新建立。在法国大革命期间，革命党人在卢浮宫的"圆形竞技场"庭院中设立了斩杀路易十六的断头台，卢浮宫成为革命胜利的重要符号。同样，在革命浪潮下，作为原法国皇室珍宝室的卢浮宫，成为法国公民的共同财产，在 1792 年法国内政府部长罗兰·德·拉普拉蒂埃（Jean-Marie Roland de La Platiere）[124] 在给画家雅克-路易·大卫（Jacques-Louis David）[125] 的信中写道："这座博物馆应当包含整个国家的素描、绘画、雕塑与其他艺术珍品，并成为艺术发展的见证。这里不仅应当吸引外国人，还应为提高公众审美、培养公众艺术兴趣以及艺术学校教育作出贡献……这座建筑属于国家，而不是任何个人享有……高雅的品位能够通过各种方式影响一个国家的创造性。"[126]1793 年 8 月 10 日，卢浮宫对公众开放[127]，在法国大革命胜利后的 20 年间，卢浮宫对观众有着严格的审查要求，只允许社会精英阶层进行参观，直至 1810 年，卢浮宫全面对外开放，成为统含精英文化与大众文化集成的法国文化象征。受革命运动与卢浮宫开放的影响，凡尔赛宫等皇家建筑内的文物与艺术品被运往卢浮宫，很多重要历史建筑呈现出荒废状态。1833 年，路易·飞利浦（Louis

124 罗兰·德·拉普拉蒂埃（1734—1793），法国政治家、法国大革命代表领导人之一。
125 雅克-路易·大卫 (1748—1825)，法国新古典主义画派的奠基人。
126 MCCLELLAN A. Inventing the Louvre:Art, Politics, and the Origins of the Modern Museum in Eighteenth-Century Paris[M]. Berkeley, Los Angeles, London:University of California Press, 1994.
127 大卫·卡里尔.博物馆怀疑论 [M].丁宁，译.南京：江苏美术出版社,2017:31.

Philips）决定修复荒废近 40 年的凡尔赛宫与其花园，并将其功能转变为可供公众参观的历史博物馆。受卢浮宫作为博物馆对公众开放的影响，欧洲人对现代博物馆的建立、身份、价值等众多方面重新进行审视，对于现代博物馆理论的建立与具体实践有着重要的启蒙价值。从法国大革命开始，巴黎市内的众多历史建筑都进行了博物馆式的转型，19 世纪初，巴黎共有卢浮宫、法国历史博物馆、自然历史博物馆、艺术与工艺文物馆、法国军事博物馆 5 家博物馆。随后包括枫丹白露宫、卢森堡宫、沃乐维康宫等在内的众多历史建筑也成为巴黎市内重要的博物馆。

另外，藏品是博物馆最为重要的组成部分。从 14 世纪查里五世开始，卢浮宫作为皇家王宫收藏了大量的绘画与历史文物。以法国皇室为代表的贵族收藏，构成了法国博物馆的重要馆藏组成部分。这些收藏包含着法国自身历史进程中所产生的众多文明见证物，同时也包括从国外购买的他国文物与艺术珍品，包括《汉谟拉比法典》《蒙娜丽莎》在内的众多文物与艺术品都来自于法国皇室的收藏。不可否认法国自身的历史与文化成就，但在巴黎各大博物馆所珍藏的众多文物中，还存在着大量通过战争、殖民等手段所掠夺的其他国家与文化的文物精品，包括大量两河流域、非洲、亚洲地区的重要文物。这些通过战争、殖民所掠夺的文物，成为巴黎博物馆收藏极其重要的组成部分。正因如此，以卢浮宫为代表的巴黎博物馆，成为世界文化艺术集中汇聚的中心。

2. 巴黎世界博览会对博物馆建设的促进。19 世纪之后，巴黎所举办的城市文化活动对城市的博物馆发展有着重要的促进作用。巴黎分别于 1855 年、1867 年、1878 年、1889 年、1900 年、1925 年与 1937 年举办规模宏大的世界博览会（简称世博会），对巴黎博物馆的形成与发展有着重要的影响。

首先，世博会的举办影响着巴黎博物馆的专业化进程。以物品展示

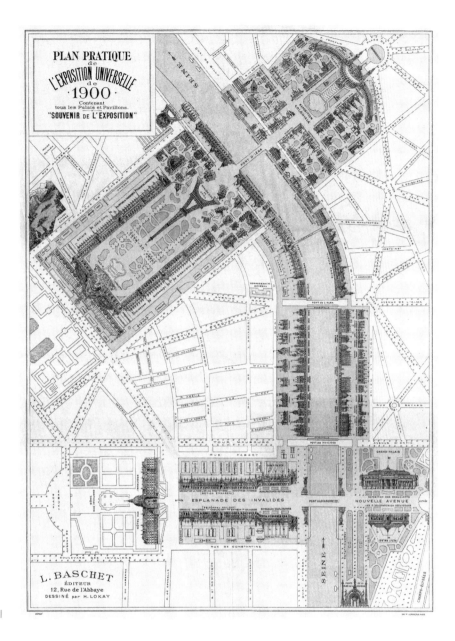

1900 年巴黎世博会区域规划 ｜

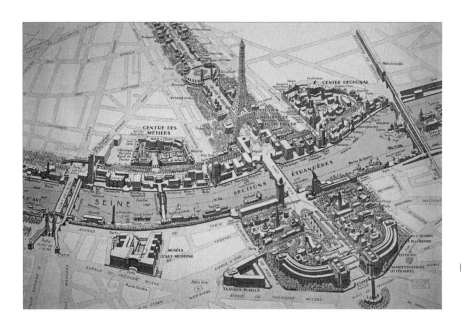

1937 年巴黎世博会规划奠定了当代巴黎塞纳河两岸的城市景观与博物馆机构

为内容、以公众参观为主要参与形式的世博会深刻影响了巴黎博物馆的运行机制，如世博会展馆的展览影响了巴黎博物馆的展览设计理念等，同时世博会展馆的管理制度在巴黎博物馆得以延伸。

其次，世博会的举办影响了 19 世纪巴黎的城市规划与博物馆建设。在城市设计方面，巴黎举办世博会期间正值奥斯曼对巴黎城市的改造，世博会的举办对奥斯曼的改造有着重要的引导作用。众多为世博会而建造的地标场馆成为现代巴黎重要的文化遗产。如 1855 年巴黎世博会以产业宫为基础，建设了机械馆和美术馆。1878 年世博会在原有基础上将主场馆场地延伸至塞纳河对岸的夏约山。1889 年，随着由古斯塔夫设计的世博会地标——埃菲尔铁塔（La Tour Eiffel）的建成，塞纳河左岸的世博会场馆群进一步丰富，包含埃菲尔铁塔、美术馆、自由艺术馆、机械馆在内的世博场馆组群形成了巴黎主要的建筑景观。1900 年新建成了巴黎大皇宫（Grand Palais）、巴黎小皇宫（Petit Palais）与亚历山大三世桥（Pont Alexander III），使得塞纳河两岸的世博会场馆群得以最终确立。

最后，因举办世博会而兴建的众多"世博建筑"在博览会结束后成为巴黎重要的博物馆机构。虽然受世博会的举办周期影响，众多世博会展馆具有临时性的特征，往往随着世博会的结束而被拆除（机械馆在1920年被拆），但因世博会举办而建的众多建筑成为世博会结束后巴黎博物馆重要的组成部分。如1889年为庆祝法国大革命100周年而修建的世博会主要形象——埃菲尔铁塔[128]，在世博会结束后，埃菲尔铁塔保留下来，成为法国文化象征与巴黎城市地标，也成为当今巴黎最为重要的参观场所。

3. 作为世界艺术中心，众多艺术家与作品促进了巴黎博物馆的发展。巴黎有着悠久的历史与艺术传统，作为法国的文化与艺术中心，巴黎一直处于法国艺术家活动的中心位置。17世纪，巴黎沙龙美展的举办开创了巴黎官方艺术展览的传统，由巴黎美术学院主办、以卢浮宫为主要展览场所的沙龙美展深刻影响了巴黎日后的众多展览。18至19世纪，法国的艺术文化达到鼎盛时期，以路易十五、路易十六为代表的皇室贵族对艺术品的收藏推动着巴黎艺术收藏的发展。雅克-路易·大卫、休伯特·罗伯特（Hubert Robert）成为法国大革命期间最有代表性的艺术家。从19世纪开始，巴黎的各种艺术流派纷纷兴起，印象派（Impressionism）、表现主义（Expressionism）、新艺术运动（Art Nouveau）、野兽派（Fauvism）、立体主义（Cubism）、装饰艺术运动（Art Deco）、新印象派（Neo-Impressionism）等都将巴黎作为主要的艺术发生地，多米尼克·安格尔（Dominique Ingres）、德罗克洛瓦（Delacroix）、古斯塔夫·库尔贝（Gustave Courbet）、古斯塔夫·莫

---

128 埃菲尔铁塔总高324米。铁塔于1887年始建，1889年竣工。它设有上、中、下三个瞭望台，可同时容纳上万人。受19世纪英法两国文化竞争的影响，其初衷是在巴黎世博会中建设一座超过英国水晶宫的建筑。其建成后成为巴黎世博会主要的参观建筑。

罗（Gustave Moreau）、埃德加·德加（Edgar Degas）、奥古斯特·罗丹（Auguste Rodin）、保罗·高更（Paul Gauguin）、保罗·塞尚（Paul Cézanne）、亨利·马蒂斯（Henri Matisse）等艺术家活跃于巴黎画坛。至19世纪末20世纪初，世界各地的艺术家纷纷涌向巴黎，在沙龙美展与各类规格不一的展览中展示自己的艺术作品，众多艺术家的创作都与巴黎有着不可分割的关系，其中包括文森特·梵高（Vincent van Gogh）、费利克斯·卢梭（Félix Rousseau）、巴勃罗·毕加索（Pablo Picasso）、阿梅代奥·莫迪利阿尼（Amedeo Modigliani）、阿米迪·奥泽凡特（Amédée Ozenfant）、德·塞贡扎克（de Segonzac）等。巴黎成为世界上最具活力的国际文化与艺术中心、全世界艺术资源的聚集点，众多艺术家的艺术作品、生平事迹、人物故事成为巴黎予以收集、保护、展示与研究的对象，为巴黎提供了大量博物馆聚集最为重要的内容基础。

（二）数量众多的博物馆展示了巴黎丰富的文化遗产

巴黎城市中众多的博物馆构成了巴黎城市文化的内容。巴黎虽然没有绝对意义上的博物馆区域，但城市中众多类型不同、规模不一的博物馆遍布整个巴黎，使得博物馆成为巴黎最为重要的公共文化设施。巴黎的博物馆数量众多，其拥有的博物馆类型与博物馆知名度极具代表性，众多博物馆成为游客了解巴黎最为主要的渠道。

（三）政策与管理机制对巴黎博物馆的影响

巴黎博物馆的现状与法国政府的博物馆政策与管理机制密切相关。二战后，针对战争对城市遗产与博物馆的影响，法国政府于1945年颁布《美术馆临时组织条例》，对法国博物馆的组织结构与工作事项作了明确的界定，为战后法国博物馆重建提供了重要的法律依据。2002年，法国政府重新颁布了《法国博物馆法》[129]，明确了法国博物馆发展新

---

129 黄磊.法国博物馆管理体制、发展现状的启示 [N].中国文物报,2005-07-22.

的方向：一是对法国博物馆教育与传播的职责的规定，新的方向强调了法国博物馆在教育和传播方面的职责；二是法国所有博物馆从业资格标准的制定，包括对藏品的保护、修复与管理标准等，确保从业人员具备相应的资格；三是针对藏品的安全、保护与修复等方面的标准，针对藏品的安全、保护和修复等方面设立了具体的标准和要求；四是促进法国各城市博物馆之间互动与合作，强调法国境内各博物馆形成文化与科研网络。此外，法国博物馆实行"法国博物馆"称号申请制度。所有在法国境内的国家博物馆和私立博物馆都可以向国家申请这一称号。由法国文化部授予称号资格，并与政府签署协议，纳入政府管理体系。政府对

卢浮宫 ｜

左：奥赛美术馆 ｜
右：橘园美术馆

名称	内容类型	名称	内容类型
塔博物馆 Tour Jean-sans-Peur	历史类	犹太艺术与历史博物馆 Musée d'Art et d'Histoire du Judaïsme	艺术类
猎狩与自然博物馆 Musée de la Chasse et de la Nature	历史类	卡纳瓦莱博物馆 Musée Carnavalet	艺术类
法国历史博物馆 Musée de l'histoire de France	历史类	毕加索博物馆 Musée Picasso	艺术类
巴黎圣母院的考古地窖 Archaeological Crypt of the Paris Notre-Dame	历史类	蓬皮杜艺术中心 Musée National d'Art Moderne	艺术类
大屠杀纪念馆 Mémorial de la Shoah	历史类	维克多·雨果博物馆 Maison de Victor Hugo	艺术类
阿拉伯文化艺术中心 Arab World Institute	历史类	欧洲摄影博物馆 Maison européenne de la photographie	艺术类
居里夫人博物馆 Musée Curie	历史类	中世纪艺术博物馆 Musée national du Moyen Âge	艺术类
法国国家自然历史博物馆 Muséum national d'Histoire naturelle	历史类	卢森堡博物馆 Musée du Luxembourg	艺术类
奥古斯特·孔德故居博物馆 Maison d'Auguste Comte	历史类	萨德金博物馆 Musée Zadkine	艺术类
圣经与圣地博物馆 Musée "Bible et Terre Sainte"	历史类	德拉克罗瓦美术馆 Musée national Eugène Delacroix	艺术类
当代历史博物馆 Musée d'Histoire Contemporaine	历史类	让·杜布菲基金会博物馆 Fondation Jean Dubuffet	艺术类
巴黎下水道博物馆 Musée des Égouts de Paris	历史类	奥赛博物馆 Musée d'Orsay	艺术类
法国贸易工会博物馆 Musée-Librairie du Compagnonnage	历史类	布朗利河岸博物馆 Musée du quai Branly	艺术类
法国荣誉军团与骑士勋章博物馆 Musée national de la Légion d'Honneur etdes Ordres de Chevalerie	历史类	马约尔博物馆 Musée Maillol	艺术类
卡蒙多·尼西博物馆 Musée Nissim de Camondo	历史类	共济会博物馆 Musée de la Franc Maçonnerie	历史类

| 巴黎博物馆一览表

名称	内容类型	名称	内容类型
移民历史博物馆 Cité nationale de l'histoire de l'immigration	历史类	户外雕塑博物馆 Musée de la Sculpture en Plein Air	艺术类
巴黎地下墓穴 Catacombes de Paris	历史类	赛努奇博物馆 Musée Cernuschi	艺术类
勒克莱尔将军与巴黎解放博物馆 Musée du Général Leclerc de Hauteclocque et de la Libération de Paris	历史类	小皇宫博物馆 Petit Palais	艺术类
人类学博物馆 Musée de l'Homme	历史类	大皇宫国家美术馆 Galeries nationales du Grand Palais	艺术类
巴尔扎克之家 Maison de Balzac	历史类	古斯塔夫·莫罗博物馆 Musée national Gustave Moreau	艺术类
拉·罗什别墅 Maison La Roche	历史类	巴黎国家大剧院博物馆 Bibliothèque-Musée de l'opéra National de Paris	艺术类
克列孟梭博物馆 Musée Clemenceau	历史类	佩莱特装饰艺术博物馆 Petit Musée de l'Argenterie	艺术类
卢浮宫博物馆 Musée du Louvre	艺术类	电影博物馆 Musée de la Cinémathèque	艺术类
橘园美术馆 Musée de l'orangerie	艺术类	娱乐创意艺术博物馆 Art Ludique	艺术类
装饰艺术博物馆 Musée des Arts Décoratifs	艺术类	亨利·卡蒂埃–布勒松基金会博物馆 Henri Cartier-Bresson Foundation	艺术类
网球场现代美术馆 Galerie nationale du Jeu de Paume	艺术类	阿扎克博物馆 Musée Adzak	艺术类
康纳克·杰伊博物馆 Musée Cognacq-Jay	艺术类	卡地亚当代艺术基金会博物馆 Fondation Cartier pour l'Art Contemporain	艺术类
提契诺博物馆 Institut Tessin	艺术类	布德尔博物馆 Musée Bourdelle	艺术类
工艺美术博物馆 Musée des Arts et Métiers	艺术类	建筑与遗产博物馆 Cité de l'Architecture et du Patrimoine	艺术类
东京宫 Palais de Tokyo	艺术类	巴卡拉水晶博物馆 Musée Baccarat	艺术类
罗丹博物馆 Musée Rodin	艺术类	吉美国立亚洲艺术博物馆 Musée national des Arts asiatiques-Guimet	艺术类

续表

名称	内容类型	名称	内容类型
莫奈博物馆 Musée Marmottan Monet	艺术类	哥布林织毯博物馆 Galerie des Gobelins	艺术类
德内利博物馆 Musée d'Ennery	艺术类	让－雅克·亨纳博物馆 Musée national Jean-Jacques Henner	艺术类
莫纳·俾斯麦美国中心 Mona Bismarck American Center	艺术类	达利博物馆 Espace Dalí	艺术类
路易斯威登基金会博物馆 Fondation Louis Vuitton	艺术类	战略博物馆 Musée des Plans-Reliefs	专题类
皮埃尔·玛丽眼镜博物馆 Musée des Lunettes et Lorgnettes Pierre Marly	科学类	法国军队博物馆 Musée de l'Armée	专题类
皮埃尔·玛丽·居里大学矿物博物馆 Minerals collection of Pierre Marie Curie University	科学类	雅克马尔·安德烈博物馆 Musée Jacquemart-André	专题类
军医博物馆 Musée du Service de Santé des Armées	科学类	格雷万蜡像博物馆 Musée Grévin	专题类
医学历史博物馆 Musée d'histoire de la médecine	科学类	浪漫生活博物馆 Musée de la Vie Romantique	专题类
语言博物馆 Mundolingua	科学类	香水博物馆 Musée du Parfum Fragonard	专题类
华伦泰·阿羽依博物馆 Musée Valentin Haüy	科学类	扇子博物馆 Musée de l'Éventail	专题类
发现宫博物馆 Palais de la Découverte	科学类	烟草博物馆 Musée du Fumeur	专题类
圣路易斯医院皮肤病博物馆 Musée des moulages dermatologiques de l'hôpital Saint-Louis	科学类	伊迪丝·琵雅芙博物馆 Musée Édith Piaf	专题类
皮埃尔·福查德科学艺术博物馆 Musée d'Art Dentaire Pierre Fauchard	科学类	游乐场艺术博物馆 Musée des Arts Forains	专题类
巴黎科学工业馆 Cité des Sciences et de l'Industrie	科学类	失物展示博物馆 Musée du Service des Objets Trouvés	专题类
巴黎律师博物馆 Musée du Barreau de Paris	专题类	邮政博物馆 Musée de La Poste	专题类
货币与勋章博物馆 Cabinet des Médailles	专题类	巴斯德博物馆 Musée Pasteur	专题类
巴黎现代艺术博物馆 Musée d'Art Moderne de la Ville de Paris	艺术类	卡普辛剧院博物馆 Théâtre-Musée des Capucines	专题类

续表

名称	内容类型	名称	内容类型
皮尔·卡丹博物馆 Musée Pierre Cardin	专题类	巴黎服装和时尚博物馆 Palais Galliera	专题类
阿森纳博物馆 Pavillon de l'Arsenal	专题类	伊夫·圣洛朗博物馆 Musée Yves Saint Laurent Paris	专题类
魔术博物馆 Musée de la Magie	专题类	城市水政博物馆 Pavillon de l'eau	专题类
法国共和卫队博物馆 Salle des Traditions de la Garde Républicaine	专题类	网球博物馆 Tenniseum	专题类
警察博物馆 Musée des Collections Historiques de la Préfecture de Police	专题类	法国海军博物馆 Musée national de la Marine	专题类
原始艺术和奇异艺术博物馆 Musée d'Art Naïf-Max Fourny	艺术类	餐酒博物馆 Musée du Vin	专题类
莫瓦桑博物馆 Musée Moissan	专题类	赝品博物馆 Musée de la Contrefaçon	专题类
爱德华·布朗利博物馆 Musée Edouard Branly	专题类	儿童艺术博物馆 Musée en Herbe	专题类
巴黎造币博物馆 Musée du 11 Conti-Monnaie de Paris	专题类	蒙马特博物馆 Musée de Montmartre	专题类
矿石博物馆 Musée de Minéralogie	专题类	性博物馆 Musée de l'érotisme	专题类
解放博物馆 Musée de l'Ordre de la Libération	专题类	音乐博物馆 Musée de la Musique	专题类

续表 |

这些博物馆在技术和规则方面进行监督[130]。截止到 2019 年，共计 1218座博物馆获得"法国博物馆"称号[131]。同样，国家文化政策对博物馆发展有着促进作用，法国文化和通信部明确阐释了法国的国家文化政策："让尽可能多的法国人看到人类的杰出作品，特别是法国的作品；保证让最多的人欣赏到我们的文化遗产，使我们的文化遗产更加促进艺术创作和精神创造。"21 世纪初，法国政府通过制定"科学与文化计划"来强调博物馆自身职能与社会文化之间的关系建设，进而加强博物馆的工作与管理水平。从 2011 年至 2022 年法国政府对文化部的政策拨款来看，文化遗产与博物馆的支出经费占每年政府文化总拨款经费的 10% ～ 15%，且每年呈增长趋势，其中 2018 年拨款为 92 亿欧元，2022年达到了 110 亿欧元。政府拨款主要用于博物馆基础设施建设、公共展览活动、文化遗产管理与修复、藏品收购、出版与文化宣传等[132]。

从管理机制来看，法国博物馆有着自上而下的集中管理体制，法国文化和通信部是制定博物馆政策的主管部门，下设的博物馆管理局负责政策执行、资金分配、事务负责与运行监管，同时设置"博物馆最高委员会"[133]作为政策咨询机构。博物馆管理局则下设七个司负责具体的政策执行，从而形成高效、负责制的博物馆管理系统。

（四）博物馆作为城市名片带动了巴黎文化与旅游发展

作为欧洲文化的中心，巴黎的城市文化是由多种文化因素共同构成，而众多具有博物馆属性的机构与场馆成为巴黎文化最为重要的传播窗口。一方面，博物馆保存了巴黎历史进程中具有价值性的文化与艺术内容，是巴黎重要的文化储存地和研究场所。另一方面，博物馆作为集中展示城市文化的场所，是城市漫游者与外来游客集中了解巴黎文化与艺术的窗口。众多的博物馆数量、丰富的馆藏品是吸引人们前往巴黎的不竭动力，博物馆成为巴黎文化的代名词。从巴黎旅游局 2018 年对 4300

---

130 吴辉 . 从《遗产法典》看"法国的博物馆"[N]. 中国文物报，2014-07-22.
131 tère de la culture . Rapport de développement du musée[EB/OL]. [2022-09-28]. http://www.culture.gouv.fr/Aides-demarches/Protections-labels-et-appellations/Composants-Labels/Carte-des-musees-de-France#/.
132 同上 .
133 博物馆最高委员会由 1 名国民议会代表、1 名参议院代表、5 名中央政府代表、5 名地方政府代表、51 名文化机构代表以及 5 名有关行业代表（如公共协会代表、教育界人士等）组成。颁发与撤销"法国博物馆"称号都必须通过博物馆最高委员会的论证。

名欧洲游客所做的"巴黎印象"问卷调查中来看，埃菲尔铁塔、卢浮宫、巴黎圣母院、艺术、历史等关键词是人们对巴黎的第一印象。由此可见博物馆对巴黎文化形象的影响。巴黎独有的城市文化气质，吸引着全世界的参观者对巴黎的向往。

以博物馆为代表的文化场所推动着巴黎文化旅游产业的发展。据巴黎官方统计，2018 年，巴黎市与大巴黎地区总计接待参观游客 3500 万人次，较 2017 年增加 3.6%，其中外国人数为 1760 万人，法国本土游客人数为 1750 万人，旅游收入达 215 亿欧元。巴黎的博物馆机构成为巴黎最为主要的参观目的地，也成了参观者了解巴黎最主要的文化窗口。一方面，众多博物馆构成了巴黎文化场所中最主要的参观对象。从 2018 年巴黎旅游局统计数据来看，参观人数排名前十的文化场所中，全部都是博物馆机构，且年参观人数均超过 100 万人次。另一方面，展览作为博物馆对外沟通的媒介，是博物馆内容的核心组成。除了博物馆常设展览之外，众多类型不同、内容丰富的临时性主题展览同样是博物馆吸引游客的重要内容。专题临时展览是对博物馆常设展览的有益补充，使得博物馆在内容展示方面更加多元与灵活。在政府政策中，政府部门通过一系列政策引导更多的参观者走进博物馆，自 2008 年开始，法国博物馆开始对大部分博物馆实行免费开放相关政策：如对特殊人群免费开放，对 18 岁以下的儿童、欧盟区 25 岁以下的青年游客免费开放，对欧盟区持学生证的学生免费开放，设立巴黎博物馆通行证（Paris Museum Pass），节省游客的参观经费，刺激游客对博物馆的参观等。同时法国法律规定：每个月第一个礼拜日为公立博物馆开放日，另要求私立或其他博物馆需根据自身情况设置特定的"免费开放日"等。

第四节　以城市记忆与事件为特征

一、城市历史记忆

若将城市看作是一个可被描述的客体，那么针对一座城市的记忆则构成了一座城市最具差异性的描述起点，因人对城市有"记忆"，城市才可以被"描述"。从认知心理学的角度，"记忆是人在感知过程中所形成的对客观事物的反映，当事物不再作用于感觉器官的时候，其影响并不随之消失，而是在人的大脑中保持相当的时间，并在一定条件下还能重现"[134]。记忆是一种有着持续性，并可被重现的内容。正如罗西所言："我们可以说，城市本身就是市民们的集体记忆，而且城市和记忆一样，与物体和场所相联。城市本身就是集体记忆的场所。"[135]罗西将记忆看作是一座城市的历史在时代中不断存在的烙印。城市由空间组成，这些空间在时间进程中记录了多样性的生活场景与历史信息，使得城市成为一种可被记忆的信息内容。罗西所认为的城市，是一种催生集体记忆的思想根基与载体。城市的空间、历史与内容，构成了一座城市应有的记忆根源。法国社会学家哈布瓦赫在涂尔干的"社会事实"的基础上，将集体记忆认为是"特定群体的成员共同分享记忆的过程，移动的社会交往和群体意识能够维持集体记忆的延续性和传承性"[136]。城市作为一种集体记忆，构成的是以人为主体的客体状态，但城市呈现的集体记忆并非只是一种状态或结果，更应被理解成人与城市空间之间的一种相互关系。罗西所言的"城市本身就是市民们的集体记忆"，则可以理解为"集体记忆就是社会建构"[137]，城市自身发展的过程，就是城市人自身"集体记忆"建构的过程。在这个相互建构的过程之中，集体记忆发挥着特殊的历史延续性、文化稳定性、社会认同性的功能，使得城

134　Ｍ•Ｗ•艾森克，Ｍ•Ｔ•基恩.认知心理学 [M].高定国，何凌南，译.上海：华东师范大学出版社，2009:187-195.

135　阿尔多•罗西.城市建筑学 [M].黄士钧，译.北京：中国建筑工业出版社，2006:130.

136　莫里斯•哈布瓦赫.论集体记忆 [M].毕然，郭金华，译.上海：上海人民出版社，2002:82.

137　同上 :32.

市与作为记忆主体的人之间相互影响，众多的个体记忆成为集体记忆的缩影，进而影响着城市中人对于自我个体与城市集体之间的相互建构。同样，从莎士比亚"人民就是城市"[138]的角度来理解，城市之所以为城市，关键在于城市作为人民从事文明活动的场所，具有给予人以集体记忆与个体记忆的功能属性。在恩德尔·托尔文（Endel Tulving）[139]看来，记忆包含着"情景记忆"和"语言记忆"。情景记忆的产生依赖于个人作为亲历者在空间与情景之中的活动而产生的记忆，与记忆受到地点、人物、事件等众多因素影响有关，它是基于现实情境与事实而产生的记忆。语言记忆则是脱离了现实情境，在前人总结与言语表达的基础上而产生的对一件事或物的记忆。语言记忆是一种传播的结果，它不依靠于记忆者个体的亲身经历，而是通过人与人之间的言语相传、文本阅读等方式而获得。城市记忆也可以看作是由城市空间构成的情景记忆和由文本、言语构成的语言记忆共同组成。

借鉴图尔文的观点，可以将城市记忆分类具体化。从具体分类上看，"情景记忆"与"语言记忆"下的城市记忆可分为"物质性记忆"与"非物质性记忆"。

物质性记忆：物质性记忆以城市实体存在的物质为记忆起点，它通过人对环境的亲历接触与实际体会来产生相应的记忆，包含城市空间中的建筑、街道、广场、景观，以及日常生活中的器具、书籍、工艺品、物件、工具等。这些实体的空间与物件通过与人的实际参与而产生相应的记忆。因记忆来自于物质，这些物质成为人予以唤起记忆的载体。

非物质性记忆：非物质性记忆并非以物质性的空间与物件作为记忆载体，而是通过文本、语言、戏剧等形式流传于城市之中的虚体记忆。非物质性记忆有着宽泛的范围，如地区的方言、谈论言语、民间传说、历史故事、戏剧、电影、文学小说等都属于非物质性记忆的范围。这些非物质性记忆的内容中隐含

---

138 张庭伟，田莉. 城市读本 [M]. 北京：中国建筑工业出版社，2013:091.
139 恩德尔·托尔文（1927—2023），加拿大认知心理学家，美国国家科
　　学院院士。

了众多与城市文化有关的信息内容，并呈现故事性、事件性的特征。如城市发展中的历史故事、城市人物的事迹、电影中所表述的城市等，这些特征因其传播性的特性，得以被城市人广泛认知。

（一）城市事件

城市可看作是一个有着丰富性与多样性生活经历的个人。在一个人的成长历程中，经历着众多因素所导致的各种事件，因经历的特殊性，这些事件构成一个人具有差异性的记忆。城市正犹如生命体一样，在其自身的发展、繁荣、衰落的过程中，城市空间中充实着大量与城市文明关联的多样性事件，它包含了人类文明所涉及的建造、人事、战争、灾难等多面向事件的集合。城市正犹如一个浩大的剧场一般，提供了这些事件得以发生的场所与舞台。从这个角度去理解，城市可被看作是一个多种事件的发生场，城市中每天都在上演着无数个大大小小的事件，这些事件有着不同的内容性质与体量属性。从个人到群体再到国家，城市中发生的事件构成了一座城市演进与发展的节点坐标，这些节点在时间线索串联之下，则构成了一座城市从古至今的庞大事件内容。20世纪初，英国哲学家怀特海（Alfred North Whitehead）在其著作《过程与实在》中指出："现实由事件构成，而不是物质"[140]。事件是事实的概括缩影，在城市浩如烟海的事件中，一部分事件因其与人类文明进程之间的特殊关系，呈现出了节点性、特殊性、价值性、不可重复性等特征，成为城市中最具代表性的事件。这些代表性事件在城市中被广为流传，并通过文字、语言、戏剧等形式保存下来，持续影响着城市人对城市历史的认知。事件经过多代城市人的继承与相传，在城市长时间的发展中构成了一座城市最为差异性的精神特征。因此，城市事件既是城市历史发展的事实，更是一座城市记忆中的重要组成部分。罗西认为城市的独特性是"从事件和记载事件的标记之中产生的"[141]。城市事件存在于城市历

140　怀特海.过程与实在 [M].李步楼，译.北京：商务印书馆，2011.
141　阿尔多·罗西.城市建筑学 [M].黄士钧，译.北京：中国建筑工业出版社，2006.：107.

史的事实之中，更存在于城市人的记忆之中。城市事件构成了人对城市记忆认知的节点，众多节点继而构成城市记忆的整体。同时，这些事件在人群中的广为传播，成为城市中不可磨灭的记忆。

城市事件的分类则由城市活动中具体的事件内容构成，这些事件虽有着明晰的属性特征，但也有着属性内容的交织。事件的类型如下：

历史事件：包括表达特定历史事实节点、凸显历史影响的历史事实，如1919年五四运动、1789年法国大革命、1989年在柏林发生的推倒柏林墙等。

人物事件：包括城市中特殊人物事迹、生平与活动痕迹，如曲阜作为孔子故里，多处体现了孔子及其后代生活的痕迹；北京故宫作为明清皇帝的居所，多处体现了皇帝与之相关的历史内容。

灾难事件：包含战争杀戮、人为或自然灾害等，如南京大屠杀、犹太人大屠杀、9·11空难、汶川地震等。

商业事件：与商业、经济行为活动相关的事件，如企业并购、经济危机等。

节庆事件：与节庆纪念日相关的活动事件，如中国的春节、国庆节，西班牙的番茄大战、圣费尔明节，意大利威尼斯狂欢节，巴西里约热内卢狂欢节等。

体育事件：与体育活动、赛事相关的事件，如国际足联世界杯、奥林匹克运动会、世界博览会等。

（二）展示城市记忆与城市事件

在城市视野下，记忆与事件可以统一看作是一种符号，这种符号深藏于城市之中，使得城市文化得以辨识与演进。从城市空间展示的角度审视城市记忆与城市事件，是对城市文化的组成元素与形成机制的重新探讨。在内涵广泛的城市记忆之中，城市事件构成了城市记忆最为重要的组成节点与内容，它包含了一座城市的历史、经济、人物、灾难等众多事件记忆的集合。城市事件是城市记忆中物质记忆与非物质记忆的内容来源，更是一座城市记忆的鲜明形象。针对城市事件的保护与发掘，实质是对城市记忆的保护与延续，是重新唤起城市记忆的有效途径。从城市的角度来看，以事件为代表的城市记忆，一直存在于城市空间的传播之中，记忆作为一种事件内容，持续存在于城市人的生活与交流之中，那些具有价值的物质性记忆，成为人们得以保存历史与文明的媒介。而众多非物质性记忆，转化为城市人的生活方式与城市印象。城市不仅是事件与记忆的发生场，更是事件与记忆的展示场所。将城市具有代表性的记忆与事件进行集中展示，是保护城市记忆、传承城市记忆的有效方法与手段。

记忆与事件在城市空间中有着不同层级的展示。城市公共空间与街道构成了城市记忆的最大展示层级，通过城市空间、建筑遗址、街道与节点的保护与展示，呈现城市背后的记忆内容与价值。以博物馆为代表的集中展示场所，将城市集中汇总的物质性记忆与非物质性记忆予以提取，形成馆舍内集中的展示呈现。从宏观的城市空间到具体的馆舍场所，二者构成了城市记忆与事件得以展示与传播的具体场所。将城市具有代表性的城市记忆与事件进行展示，具有以下意义：

1）城市记忆展示的过程实际是记忆保护的过程。因展示的传播属性，记忆得以在更大尺度与范围内被更多的受众所接受，形成对记忆的更大范围的认知。记忆来自于小范围的开始，但经过众多人对记忆的获知，则形成了对于记忆与事件新的共同建构。

2）城市记忆与事件的展示，是对城市历史的重新认知与重新建构。城市记忆与事件在保护与展示的过程中，历史的事件与记忆得以被重新发掘，历史的信息成为当代城市人认识过去与启迪未来的思考基点。

3）记忆展示的过程促进对城市文化精神的塑造。城市记忆所包含的众多内容是城市历史发展过程中所自觉凝练的历史内核，是一个城市赖以发展的文化基点与精神符号。记忆与事件的展示，将城市的文化精神得以传播，继而形成城市具有差异性的阅读内容与城市精神。

二、以柏林为例

当代柏林是一个充满着众多城市记忆与事件的城市。作为引发二战的政治中心，柏林二字所代表的事件与历史，使得当代柏林成为一个饱含历史事件与城市记忆的事件场，其城市记忆与城市事件主要由二战与战后冷战期间的众多事件构成。

（一）柏林对城市记忆的留存与展示——冷战时期的记忆

柏林作为二战后政治角逐的焦点，城市中充满着冷战期间所遗留的众多历史事件记忆，这些记忆通过遗址保留、博物馆展示等多种方式，向当代柏林人呈现历史。

柏林城中最明显的冷战记忆是柏林墙遗址。在"两个德国"[142]成立之初，柏林西德占领区与东德占领区之间的市民是可以自由通行的，但随着战后冷战期紧张气氛的加剧，东、西柏林的边界在1962年开始关闭，东德政府通过墙体与铁丝网将柏林一分为二。从1962年到1989年，柏林墙成为分割资本主义与社会主义阵营的铁幕[143]。20世纪80年代末，随着东欧剧变，民主德国政局也开始动荡，1989年11月9日，民主德国宣布市民可以申请访问西德与其他资本主义国家，当晚众多东柏林市民走向柏林墙，与西柏林市民一起将屹立近40年的柏林墙推倒。1990年10月3日，东德并入西德，两德实现了统一。

德国统一后，陆续开展拆毁柏林墙工作。大批市民带着铁锤、凿子等工具来到柏林墙周围，敲下墙体碎块作纪念。直至1991年11月，除

142　1945年，纳粹德国在二战中战败，据1945年发布的《雅尔塔会议公报》《柏林波茨坦会议议定书》，战后德国被美国、英国、法国与苏联四国分别占领。1949年8月14日，美、英、法的占领区合为一体，宣布成立德意志联邦共和国，即西德。同年10月7日，苏联占领区成立了德意志民主共和国，即东德。柏林的地理位置处于东德境内，因其特殊性，柏林城本身被美国与苏联分别占领，柏林成了一块置于东德的"飞地"。

143　据统计，在此期间，共记有约5000人曾尝试翻越柏林墙，造成约200人丧生。

了少部分柏林墙与瞭望塔，柏林墙基本被拆除。柏林政府有意在个别具有代表性的路段留下柏林墙的遗址，向人们展示那段分裂的历史。保留下的柏林墙有三处较长部分，一处位于波斯坦广场南侧的尼德尔克尔新纳大街，这段柏林墙长约 80 米，原建于美国与苏联的占领区的阿布雷契王子大街，南侧紧毗柏林恐怖地形博物馆，与恐怖地形博物馆共同组成了露天博物馆。整体墙面保留了冷战快结束时残留的痕迹，虽主体柏林墙已拆除，但在跨越街道的部分，柏林政府刻意在道路中保留了柏林墙原有的修建基础痕迹。另一处则是保存在施普雷河沿奥伯鲍姆桥附近的"东边画廊"。"东边画廊"是存留的柏林墙中最长的一处，共计 1.3 千米，早在西柏林时期，柏林墙的西柏林一侧就成为众多涂鸦爱好者集中创作的场所。1990 年，来自世界各地的艺术家在柏林墙上绘制了 105 幅反映世界和平、表达对两德统一向往的涂鸦作。其中包括迪米特里·弗鲁贝尔（Dmitry Vrubel）的《世纪之吻》、格哈德·拉尔（Gerhard

Lahr）的《柏林与纽约》等。1991年，柏林政府将东边画廊列为重点保护建筑，每年吸引着百万游客的参观，东边画廊成为柏林市内公共性的历史画廊。第三处位于伯努尔街北部的柏林墙遗址公园，于1998年修建，全长近1.4千米。遗址公园整体分为"死亡地带""毁灭的城市""墙的建筑""墙上的记忆"四个部分。其中包含新建的柏林墙博物馆与柏林墙纪念碑。柏林墙公园保留了原有柏林墙时期包括墙体、瞭望塔、反车辆壕沟等在内的一整套军事工事。在已拆除的柏林墙遗址之上，通过采用腐蚀钢板的柱子形成阵列，来示意柏林墙已拆除的部分，同时隐喻柏林墙的建设与时间过程。在柏林墙公园内部，通过一组高2.7米、含有162个纪念窗的构筑装置，放置了136位柏林墙的受害者图像。同时，在整个柏林墙遗址路径之上，众多组纪念柱同样展示着柏林墙的历史图像。柏林墙遗址不仅保留了冷战时期的众多记忆，更成为反思柏林墙事件的场所。

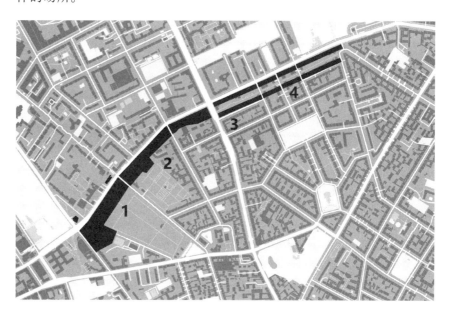

柏林墙遗址公园
从左至右四个主题板块
1 隔离墙
2 城市的毁灭
3 墙的建造
4 事情发生在墙上

除了柏林墙外，与冷战相关的众多事件的记忆也通过城市空间得以向受众传达。

查理检查站（Checkpoint Charlie）：位于腓特烈大街，原是冷战时期东德与西德边境的重要检查点之一。在柏林墙拆除后，查理检查站一度被拆除，后被柏林政府重建，成为柏林城市中重要的事件节点。除了原有的检查所站点，在原东西柏林的分界点两侧分别设置了东德与西德两个国家士兵的图像，进而展示查理检查站在柏林作为一种意识形态分割的存在。

间谍博物馆（Spy Museum Berlin）：位于德国市中心——波斯坦广场旁。在冷战期间，东西德两个政权之间持续的间谍活动使柏林有了"间谍之都"的称谓。冷战结束后，间谍题材成为电影、文学等多种艺术形式的表达主题。在21世纪初，柏林私人收藏者通过对冷战期间各种间谍设备与资料的收集与整理，成立了以展示冷战期间间谍活动、间谍事件主要内容的专题博物馆。通过间谍特工所使用的工具实物、具有代表性的记叙文本和主题性的互动空间，使得观众对于冷战期间柏林的"间谍文化"有了直观的认识。

柏林城市的红绿灯：在冷战期间，随着东西柏林的日益分裂，城市公共空间开始各自独立地发展，城市公共空间中的众多细节开始呈现出不同的结果。其中，东西德政权所执行的交通信号灯的设计有着明显的区别。东德所使用的信号灯标志是一个戴着帽子、大步行走的人的形象。而西德使用国际通用的红绿灯形象。红绿灯的区别成为冷战期间东西柏林城市中具有差异性的视觉记忆。在冷战结束后，东德"行走的人"的形象曾一度被西德的红绿灯形象所取代，后来新联邦州政府决定在原东柏林地区保留并恢复原有的"行走的人"红绿灯形象，通过冷战时期具有代表性的城市标识，使得东西柏林的文化痕迹遗留在城市之中。同时，

柏林墙遗址 |

东德红绿灯 |

查理检查站现状与原柏林墙（左） |
边界处的两国士兵图像（中、右）

"行走的人"催生了众多的文化衍生品，使得"行走的人"成为当代柏林城市文化重要的组成部分。

东德博物馆（DDR Museum）：位于原东德政府机构的核心区域，统一后的联邦德国将东德政府机构改造成了博物馆，用以集中展现前东德时期的生活方式与记忆。整个博物馆分为"公共生活""国家与意识形态""塔楼生活"三个内容板块，其中内容涉及东德时期的人民生活、经济、媒体、文学、艺术、意识形态、国家安全与监听、刑事制度等多方面的展示。

斯塔西博物馆（Stasi Museum）：由东德时期的德意志民主共和国国家安全部改建而来，由德国民权活动家于1990年创立。在"我们无处不在"的展览主题下，众多的监听设备、监控手段与监控档案通过展览无情地展现于世人面前，使得当代德国人能清晰地了解那段鲜为人知的历史。

除了上述博物馆与城市节点，柏林城市中还有苏维埃战争纪念碑、霍恩施豪监狱博物馆等。

（二）柏林对历史事件的教育与反思——犹太人大屠杀与纳粹党相关事件

犹太人大屠杀，又称为纳粹大屠杀，是指二战期间德国纳粹党对近600万犹太人所进行的种族灭绝行为[144]。据统计，到1945年，波兰原有的350万名犹太人仅幸存4万人，荷兰的14万名犹太人仅存3.5万人，罗马尼亚的65万名犹太人仅存25万人，而德国和奥地利的33万名犹太人仅剩4万人……美国波士顿大学史蒂文·卡茨认为，犹太人大屠杀是历史上唯一的一次种族灭绝行动[145]。犹太民族所遭遇的前所未有的灾难，将纳粹党的所作所为永远地钉在了耻辱柱上。

作为二战的主要责任者，战后德国领导层与德国人民体现出了对

---

144 据统计，在纳粹党执行屠杀行动前夕，欧洲共计约900万犹太人，在整个二战期间，德国纳粹党及轴心国共计杀害了600万犹太人，其中包括近150万的儿童。同时，屠杀涉及大量的非犹太群体，包括波兰人、斯拉夫人、苏联人等。

145 NOVICK P. The Holocaust in American Life[M]. New York: Houghton Mifflin, 1999.

二战与屠杀犹太人的深刻反思。1949 年德国宪法——《德国基本法》出台，确立了德国对待人权与民主秩序的基本原则，第一条即"人的尊严不可侵犯"。在基本法中，任何否认、歪曲、抹杀大屠杀事实的言论、宣传纳粹的思想与行为均将受到最严厉的限制。同时，德国政府自上而下展开对战争的反省，德国教育法明确规定德国教科书中必须包含足够的有关纳粹时期历史的内容，目的是让有着自我判断能力的青年学生能以史为鉴，反思自己民族的所作所为。无论是法律的约定还是个人对战争杀戮的反思，其引导结果不仅是停留在纸张表面的文字，而是通过政策的执行反映在真实的城市生活与城市空间之中，成为当代德国人民的一种新的态度与思想。作为整个犹太人大屠杀事件的决策中心与战后德国的政治中心，柏林这个城市在对待二战的历史问题上所呈现的反思态度与具体处理方式，反映着德国政府对待战争的反思与对屠杀的忏悔。对于犹太人大屠杀事件的反思与教育，德国政府通过在城市中设置纪念场所、博物馆、纪念活动等多种形式展开。

以城市活动为例，每年的 11 月 9 日，柏林市举办反思"水晶之夜"[146] 的纪念活动，目的是以"水晶之夜"为历史节点，提醒市民反思 1938 年开始的犹太人大屠杀。在纪念日当天，众多市民、犹太幸存者后裔与犹太教士一起汇集在勃兰登堡门区域，通过默哀等方式纪念逝去的犹太人。活动当晚，柏林市中心的勃兰登堡门成为一座大型的多媒体屏幕，主题影像投影在勃兰登堡门之上，其中包括纳粹时期迫害犹太人的记录影像、当代德国中小学生自发拍摄的上千部纪念短片等。在影片中，德国中小学生扮演被迫害的犹太人，接受党卫军的无礼检查；有些则通过泥塑等模型，模拟当时犹太人被迫害的情景……同时，在广场上游行的犹太幸存者亲身向青少年讲述着对当时的回忆。整个活动虽为纪念活动，实质

---

146 水晶之夜（德文：Kristallnacht、Reichskristallnacht、Reichspogromnacht、Novemberpogrome；英文：Crystal Night、the Night of Broken Glass，又译为帝国水晶之夜、碎玻璃之夜、十一月大迫害）是指 1938 年 11 月 9 日晚，纳粹党卫军袭击德国和奥地利犹太人的事件。据统计，仅在这一夜，有 91 名犹太人被杀害，约 3 万名犹太人被逮捕，7000 座犹太设施被毁。至 10 日凌晨，散落在街道中的玻璃碎片在月光照射下如水晶般发光，因此被称为"水晶之夜。"水晶之夜"标志着纳粹对犹太人有组织屠杀的开始。

上则是对社会大众的反思教育活动。2013年，柏林市长克劳斯·沃维莱特在纪念"水晶之夜"时谈道："我们对未来的承诺是，这些受害者，将永远存活在柏林的记忆之中"。"水晶之夜"唤起了全体市民对于大屠杀事件的集体回忆，进而时刻提醒当代市民对历史的反思。

以纪念碑为例，早在1988年8月，记者莱娅·罗施（Lea Rosh）与历史学家埃伯哈德·耶克尔（Eberhard Jäckel）提议修建一座纪念犹太人的纪念碑，经过长达十几年的论证与建设，纪念碑最终在2005年纪念世界反法西斯战争胜利60周年之际建成开放。纪念碑选址在柏林中心——勃兰登堡门南侧，占地1.9万平方米，选址点曾经是纳粹的政府中心，也是元首堡垒的所在地。在这样的地点修建这样一座纪念碑，在显示纪念地自身公共属性的同时更表达了政府对于犹太人大屠杀事件的反省决心。纪念碑由美国建筑师彼得·埃森曼设计，整个犹太人纪念碑由两部分组成——地上的网格矩阵纪念碑群与地下的叙事展览馆。在场地中，埃森曼设置了2711根高度不一、起伏不定的混凝土方柱，柱高从0.2米到4米不等，且柱子之间的间距为0.95米，只能容纳一个人穿行。网格的阵列与地面形成了波浪式的曲线形态，整个方柱矩阵犹如众多被屠杀的犹太人墓碑，参观者穿梭在其中，感受密集的、狭窄的空间形成的墓碑意象。地下空间则为主要展览区域，是对整个犹太人大屠杀事件的详细描述，展览通过受难者序、纪事室、受难者数字、受难者家庭、受难者姓名、纳粹集中营展区六个板块来系统地展示犹太人大屠杀事件的始末。在展厅的序言部分，纪念碑借用犹太作家普里莫·莱维（Primo Levi）的回忆录《休止》（*La tregua*, 1963）中所谈到的观点来向参观者传达纪念碑要表达的核心:(它已经发生了，因此它可能会再次发生，这就是我们不得不说的核心问题）"It happened, therefore it can happen again: this is the core of what we have to say"。

在博物馆方面，由丹尼尔·李伯斯金 (Daniel Libeskind) 设计的犹太人博物馆是柏林市内最具代表性的博物馆之一。犹太人博物馆在1933年原犹太人历史博物馆的基础上加建而来，在原有的巴洛克式建筑旁，李伯斯金通过对"大卫之星"的解构形成了对犹太人大屠杀事件的独特视觉表达，进而形成了博物馆整体的构筑形态与立面视觉符号。在博物馆所要传达的具体内容上，犹太人博物馆并没有呈现传统的宏大历史叙事，而是仅通过"死亡""逃亡""大屠杀"三个情境性空间作为主要的内容空间组成，通过三种情境的呈现，分别展示犹太人在历史事件中所经历的三种事件类型。犹太人博物馆所凸显的内容不是生硬的历史事实，而是试图通过客观情境的建立与引导，来促使人们形成对犹太人大屠杀事件的个人反思。

柏林还存留了大量纳粹时期的其他事件痕迹，包括位于紧邻柏林墙遗址的恐怖地形图博物馆、二战期间防空洞所改建的柏林地下世界等。柏林特有的历史因素，使得柏林城市整体成为展示城市记忆与城市事件的场所。柏林所呈现的历史进程、事件记忆与意识形态的存留，使得当代人对柏林历史与文化有着设身处地的真实感受。城市空间中与记忆、事件相关的历史建筑、遗址、实物、文本故事，构成了柏林城市核心的文化景观，同样也构成了当代柏林的城市气质与形象。

第五节　以艺术展览活动为特征

一、文化艺术活动与城市文化

文化艺术活动是城市文化与经济重要的组成部分。20世纪中叶以

犹太人纪念碑

犹太人博物馆

来，随着全球范围内文明交流活动的日益增加，生产模式开始从福特主义（Fordism）向后福特主义（Post-Fordism）进行转变，由之带来的城市消费方式与经济结构的转变开始影响城市的文化与生活。在城市中，城市的物质层面与象征层面的关系发生了变化，人们将注意力集中到了消费上，也更为关注城市文化多样性和创造性及其所存在的空间的实质和潜力[147]。随着金融活动从大规模的城市生产空间向城市消费空间的转移，以服务业为代表的经济体系成为城市经济重要的组成部分。人们逐步开始将注意力转移至城市中具有文化性、体验性与活动性的第三服务产业之中，城市的消费、娱乐与观光产业成为众多城市新的经济主轴。作为城市文化与城市经济活动中最具代表性的类型，当代城市中与文化艺术相关的众多展览活动，成为促进当代城市文化交流、加强城市经济发展、塑造城市形象的有力工具。

城市中的文化与艺术活动本质上是一种人类学行为，是人类整体文明行为下的一个具体类型分支。所涉及的内容范围虽包含城市空间中的诸多方面，但不同于以生产、繁衍、生存为目的的其他人类活动，文化与艺术活动以文化艺术为内容对象，活动性质有着明晰的主题性、参与性、观看性特征。正如莫瑟尔（Mercer）所言，文化"是参与其中的人们可看到的东西"。文化与艺术活动提供的是使文化性、艺术性的物、信息、观念在城市空间中传播的基础，城市人参与展览的过程是了解文化与艺术的过程。因其传播的属性，文化与艺术活动所隐含的保护、研究、教育等目的得以通过展览的举办在城市空间中得到更大范围的实践。展览活动的作用在于城市文化与艺术的传播与更新，对于城市的活力有着积极的催生作用。文化与艺术展览虽然有着众多的实践结果，但从类型上可以归纳为艺术展览、博览会活动、其他具有展示性质的城市

---

147 德波拉·史蒂文森. 城市与城市文化 [M]. 李东航，译. 北京：北京大学出版社，2015:118.

活动三个方面。

（一）艺术展览

艺术展览是城市文化活动的最基本组成部分，艺术展览可以看作是公众与艺术作品之间的一种关系平台，也是公众与艺术工作者之间的一种交流方式。展览是"把东西摆出来供人观看"[148]，"把物品分门别类地陈列在一起供人观赏"[149]。展览通过在特定场所中对艺术品的展示行为，使得艺术作品得以被公众了解与认知，并形成集创作、展示、收藏、营销为一体的艺术产业链条。从狭义的艺术展览结果上看，艺术展览反映了城市中具体艺术内容的表达，它集中反映了城市中所涉及的艺术思潮、艺术人物和艺术事件，形成了一个城市特定的艺术图谱。从广义的艺术展览行为来看，艺术展览是城市文化活力的重要表征之一，一个城市所呈现的展览数量与质量，反映了一个城市对待艺术和文化的态度与方式，更直接影响了城市居民的生活方式与艺术教育，成为城市活力的重要影响因素。

艺术展览是一个广泛的概念，虽然画廊、美术馆是主要的呈现场所，但城市中众多具有文化性与博物馆性的空间都提供了艺术展览得以呈现的空间基础。例如，博物馆、美术馆、建筑古迹、学校、公司、医院等。具有艺术性的作品进行展示的行为，虽一直存在于人类文明的行为之中，但早期更多的是以珍宝收藏室、小规模的个人展示行为为主。现代话语所谈的"艺术展览"，一般以1667年法国皇家绘画与雕塑学院所举办的"沙龙美展"为起点。沙龙美展早期只是布里翁府邸官方内部的展览，代表了官方性的作品观念与主流话语。1737年，沙龙美展由内部展览转变为对公众开放的公众展览。沙龙美展所开创的面向公众的展览方式，被认为是现代美术展览的发声，标志着一个重要的社会、文化转型。伴随着其他领域的变革，例如纪念碑样式由官方美术变为自由移

148　商务印书馆辞书研究中心. 新华词典 [Z]. 北京：商务印书馆，2002：1235.

149　郭良夫. 应用汉语词典 [Z]. 北京：商务印书馆，2002：1587.

动的"架上绘画"，由古典主义原则转向洛可可风格，由直接订购变为市场采购，美术馆、报纸、批评家出现等，美术展览有了更加深远的社会、政治与文化含义[150]。沙龙美展对艺术展览的发展影响深远，1855年，在沙龙美展外围举办的"现实主义：库尔贝40件作品展"开启了艺术家自筹展览的先河，开始了对以沙龙美展为代表的官方评选制度的质疑。同年，在安东尼奥·弗拉德莱托的组织下，威尼斯举办了艺术展览历史上首届双年展——威尼斯双年展，由此开创了"双年展"这一新型展览模式。随后在20世纪举办的众多展览，使得艺术展览的理念与形制日益成熟，艺术展览自身也随着艺术的发展而不断变化。其中最具代表性的展览包括：军械库展览（1913年，美国纽约）、新剧院艺术国际展览（1924年，奥地利维也纳）、颓废艺术展（1937年，德国慕尼黑）、首届超现实主义展（1942年，美国纽约）、此即明日展（1956年，英国伦敦）、一个展品展（1957年，英国纽卡斯尔）、哈瓦那双年展（1984年，古巴）、伊斯坦布尔双年展（1987年，土耳其伊斯坦布尔）等。在展览的发展过程中，双年展模式成为最重要的展览模式，迄今为止全世界共有各类双年展200余个，围绕着双年展而展开的城市活动成为城市文化活动的重要组成部分。艺术展览的发展使得策展人的角色得到空前的关注，同时，艺术展览的发展带动了艺术理论的进一步发展，进而影响了展览相关的出版物、媒体的踊跃出现。

艺术展览可分为以下类型：

按展览时间划分，包含临时性展览、永久性展览、不定期展览、定期展览等；

按展览场所划分，包含馆内展览、公共空间展览、网络（线上）展览等；

按展览类型划分，包括文献展、专题展、艺术双年展及三年展等；

150 王璜生. 第二届 CAFAM 双年展　无形的手：策展作为立场 [M]. 北京：
中国青年出版社, 2014.

按举办地划分，包括威尼斯双年展、卡塞尔文献展、巴西圣保罗双年展等；

按规模划分，包括超大型展览、大型展览、中型展览和小型展览等；

按展览动机划分，包括观赏性展览、推广型展览、交易型展览、公益性展览等。

（二）博览会活动

博览会活动是城市中文化与艺术活动重要的承载类型。在《辞海》中，博览会的定义为："固定或巡回的方式，公开展出工农业产品、手工业产品、艺术作品、图书、图片，以及各种重要的实物、标本、模型等供参观、欣赏的一种临时性组织。展览并举行营销活动的，称为'展销会'，组织许多国家、地区参加的产品展览会，则常称为'博览会'。"[151] 博览会虽与上节中所提到的"艺术展览"都有着展示与展览的特征，但博览会较之展览，在呈现规模、组织架构等各方面属性都有着实质的不同。博览会早期以售卖商会或市集的形式存在于城市活动之中，是城市人了解信息、促进商品交易的有效方式。随着城市经济的发展，城市之中的售卖行为与集会行为开始呈现出更强的集中性与规模性。伴随着工业革命的到来，以及随之带来的交通方式与交流方式的改变，使得博览会的规模、地域受众也发生改变。1798 年，法国香榭马赫（Champ De Mars）举办了"法国工业品公众博览会"，展览参加者基本来自法国本土，被认为是人类历史上第一次国家博览会。此后，1801 年至 1844 年，法国又先后举办了十次博览会，博览会的规模突破了原有城市博览会的概念，具有了世界博览会的雏形。1851 年，英国伦敦举办了人类历史上第一届世界博览会，伦敦万国博览会历时 5 个月，共吸引了来自 25 个国家、15 个英国殖民地区，共计 600 多万名参观者。为伦敦万国博览会修建的主展馆——水晶宫成为世界博览会（简称：世博会）的代

151　夏征农 . 辞海 [Z]. 北京 : 上海辞书出版社 , 1999:1299.

名词，进而形成了日后以国家馆、地区馆为代表的博览会形制。伦敦万国博览会的举办促进了 19、20 世纪博览会的发展。包括荷兰、奥地利、澳大利亚、比利时在内的众多国家都加入了举办世博会的角逐。世博会成为展示文明进步与国家制造能力的重要窗口。

以世博会为代表的博览会的举办对于城市空间与城市活动有着重要的影响，因世博会自身的特点，其呈现的展览结果带有明晰的文化与艺术属性。在已举办的历届世博会中，世博会主办场地所保留的博览会遗址与建筑，成为城市文化与城市形象的重要塑造工具，包括 1889 年巴黎世博会建造的埃菲尔铁塔、1958 年布鲁塞尔世博会建造的原子球、1970 年大阪世博会建造的太阳塔等，都成为主办城市的标志物。同时，因世博会的重要性，众多国家都借举办世博会的契机对城市进行从形象到功能方面的改造，包括奥斯曼对巴黎进行的改造、芝加哥进行的城市美化运动、汉诺威进行的展览区规划等都与世博会有着重要的因果关系，众多城市因世博会的举办走上新的城市发展道路。另外，世博会的举办使得博览会的社会意义超脱了原有的简单售卖与集会的性质，国家与地区代替个人成为博览会的主要参与者。在世博会的影响下，众多类型的当代博览会成为城市活动中重要的组成部分，进而影响着城市中的文化与商业行为。

在博览会类别中，有着明确的博览会分类：注册类世博会与专业类世博会为主的世界博览会，以世界园艺博览会为代表的专题类博览会，以米兰三年展为代表的其他博览会活动等。

注册类世博会与专业类世博会：早期世博会的举办并没有统一的国际组织，1928 年国际展览局（BIE）成立，使得国际大型博览会有了固定的组织架构与执行标准。其中世博会的类型划分为五年一届的注册类世博会，以及二、三年一届的专业类世博会。注册类世博会规格最高，是集中展示世界性最高文明成果与理念的平台，而五年一届的举办规律，则在二战后得以执行。像 2005 爱知世博会、2010 上海世博会都属于注册类世博。而专业类世博会又称为认可类世博会，一般在两届注册类世博会之间举行，展期为 3 个月。参展方包括国家、国际组织、民间组织、企业与其他机构等。国际展览局（BIE）规定专业类世博会的主题必须是特定的、独特的，对建筑、展示、参展以及合作形式等各方面起到引领作用[152]。

世界园艺博览会：园艺博览会由国际展览局（BIE）与国际园艺协会（AIPH）共同举办。会期最短 3 个月，最长 6 个月。每两年在不同的国家举办，一个国家每 10 年只能举办 1 次。下设 A1（大型国际园艺博览会）、A2（国际园艺博览会）、B1（长期国际性园艺博览会）、B2（国内专业博览会）四个级别。如 1960 年鹿特丹国际园艺博览会（A1类）、1999 年昆明世界园艺博览会（A1 类）、2011 年西安世界园艺博览会（A2+B1 类）、2016 年安坦利亚国家园艺博览会（A1+B1 类）、2019 年北京世界园艺博览会（A1 类）[153]。

其他博览会：除了高规格的世界博览会与园艺博览会之外，城市中众多类型的其他博览会同样是博览会活动的重要组成部分，包括不同类型的产品博览会、艺术展览会（设计周）等。

（三）其他具有展示性质的城市活动

除了艺术展览与博览会之外，城市公共空间中大量存在的城市活动，同样具有明确的"艺术属性"与"展览属性"。这些活动与城市的历史文化和生活方式有着密切的关联，表达着城市特有的历史、文化、艺术特色和城市活力，其内容聚焦音乐、电影、集会等多个面向，通过自身的传播媒介得以在城市空间中展示。城市空间既是这些活动的发生场所，也是这些活动得以流传与保护的容器。

---

152 国际展览局. 专业类世博会 [EB/OL]. [2019-05-11]. http://www.expo-museum.org/zh_CN/about/expo/special.shtml

153 国际展览局. 世界园艺博览会 [EB/OL]. [2019-05-11]. http://www.expo-museum.org/zh_CN/about/expo/gardening.shtml

音乐节：音乐节是以音乐为主题的综合性音乐活动。因音乐的类型不同有着不同的主题分类，如摇滚音乐节、古典音乐节、流行音乐节等多种类型。因举办的性质不同，又有着教育类音乐节、公益类音乐节与收益类音乐节等类型。音乐节的举办场地存在于城市中的音乐厅、文化中心等建筑中，或通过城市中的户外场地来搭建临时舞台，为音乐节提供表演与社交的活动场所。在众多城市音乐节中，奥地利萨尔斯堡音乐节是世界上历史最悠久的音乐节，可追溯到19世纪中叶。音乐节活动的举办不仅延续着城市的音乐活动传统，更为城市带来了大量的旅游与观光者，例如威斯康星州的密尔沃基音乐节举办期为11天，是世界上最盛大的音乐节之一，自1968年举办以来，每年吸引着800多位音乐家或团体、100万名的音乐爱好者与游客；世界上其他著名的音乐节还有澳大利亚的昆士兰音乐节、荷兰的pinkpop音乐节等。

电影节：电影节是以电影为核心内容的综合性艺术活动。通过特定的电影机构组织，围绕电影为内容展开包括电影放映、电影评审、学术研讨等众多活动。世界上最负盛名的电影节包括戛纳电影节、柏林电影节和威尼斯电影节等。其中威尼斯电影节开始于1932年，是历史上最为悠久的电影节。世界上著名电影节还有英国飞雨电影节、欧洲独立电影节、爱丁堡电影节、墨尔本电影节、约克顿电影节、哥伦布国际电影节、旧金山电影节、帕克城恐怖电影节等。

时装周：时装周的概念起源于19世纪末、20世纪初的法国巴黎服装走秀。原是时装营销人员雇佣女性在公共场所或沙龙场所的时装游走展示。后逐渐成为以时装为内容和主题的文化社交活动。20世纪中叶时装周在美国兴起，并在1943年举办了首届"时装周"——纽约时装周。随后，时装周这一形式被多数服装品牌与营销商所采用，并在基本的游走展示基础上赋予主题含义与批评性评论，成为服装时尚活动最为重要的组成部分。当下，规模与影响力最大的是以巴黎时装周、米兰时装周、伦敦时装周与纽约时装周组成的"四大时装周"[154]。除此之外，世界各地城市在不同的时间段有着众多主题的时装周活动，如迈阿密时装周（泳装）、里约热内卢夏季时装周（泳装）、巴黎高级时装秀（原创时装）、印度尼西亚伊斯兰时装周（穆斯林时装）、班加罗尔的新娘时装周等。

城市节日活动：城市生活中的众多节日活动同样具有文化展示的属性。各式各样的节日活动展示着特有的城市文化与城市风俗，保存了差异性的城市文化内容，使得城市文化得以持续保护与传播。例如，西班牙的圣费尔明节起源于 12 世纪，每年 7 月 6 日至 14 日举办奔牛活动，数十头公牛放置在城市街道中，整个城市的人们都穿上白衣白裤、红色围巾与腰带吸引牛群的奔跑。西班牙布尼奥尔的番茄大战节在每年 8 月份举行，众多市民与游客以番茄为武器，形成了一场城市"番茄大战"，每年节日期间在大街上投掷超过 100 吨熟透的番茄，整个城市成为番茄的海洋。世界上众多城市有着自身特有的城市节日，如西班牙的狂欢节、法雅节；法国的芒通柠檬节、安纳西狂欢节、牧羊节、杜埃巨人节、博物馆之夜；意大利的威尼斯狂欢节、奥地利的维也纳艺术节；荷兰的阿姆斯特丹郁金香节；巴西里约热内卢狂欢节等。

二、以威尼斯为例

威尼斯位于意大利东北部，是威尼托地区首府所在地。威尼斯由 118 个小岛组成，并由近 400 多座桥梁连接起来，是一座名副其实的水城。因威尼斯特有的城市面貌，威尼斯又被称为"水之城""浮动之城""桥之城市"等。威尼斯因公元前 10 世纪居住在该地区的威尼斯人而得名，在公元 7 世纪至 18 世纪期间是威尼斯共和国首都所在地，同样也是威

154　其中巴黎时装周的举办日期为每年 2 月 25 日至 3 月 5 日，米兰时装周为 2 月 19 日至 25 日，伦敦时装周为 2 月 15 日至 19 日，纽约时装周为 2 月 7 日至 15 日。

尼斯共和国在中世纪与文艺复兴时期最为重要的经济、政治与文化中心，作为地中海经济与贸易的实际控制者，威尼斯也被经济学家认为是世界上第一个国际金融中心。威尼斯作为经济中心的地位在 17 世纪发生了改变，随着威尼斯贸易被葡萄牙帝国接管以及其他资本主义帝国的崛起，威尼斯原有的奴隶贸易和海上经济贸易逐渐式微。18 世纪，威尼斯转变为农业与工业出口国。在拿破仑战争和维也纳会议之后，威尼斯共和国被奥地利共和国吞并，直到第三次意大利独立战争后，于 1866 年成为意大利王国的一部分。

威尼斯独有的城市景观与文化遗产，被联合国教科文组织列为首批世界遗产城市。自古以来，威尼斯是全世界诗人、文学家、画家、建筑师的第二故乡，它催生了特纳的绘画、约翰·拉斯金的批判主义、查尔斯·狄更斯的文学作品与罗伯特·布朗尼的诗歌等在内的众多成就。威尼斯自身的地域特色成为众多艺术家和文学家的灵感来源，正如海明威、里查德·瓦格纳等不同时代的作家都试图通过不同的媒介来表现威尼斯的形象，威尼斯成为一种艺术与文学的内容载体。威尼斯不仅是一个城市的名称，更是一个众多文学与艺术的集成符号。人们对于这个符号最好的了解办法，就是身临其境、设身处地地参观这座城市。正是众人不断对这座城市的阅读与体验，使得威尼斯城市成为一个不同文化与艺术内容的展示场所。

（一）威尼斯的展览活动

威尼斯作为中世纪与文艺复兴时期文化艺术最重要的发生场，深刻影响着文学、音乐、绘画、雕塑等众多文化艺术门类。同时，随着 18 世纪威尼斯经济中心地位的滑落，威尼斯的经济模式面临着重要的转型。1870 年意大利统一之后，意大利境内的众多中心城市，如罗马、那不勒斯、都灵、米兰等都举办了不同主题的展览，力求通过展览形成区域内的文化和经济中心地位。威尼斯同样将城市展览活动看作是城市经济转型和城市活力激活的重要推动器。威尼斯自身独特的地理位置、宗教中立和文化艺术传统，为展览活动发展提供了独有的先天条件。

1887 年，威尼斯举办了意大利国家艺术展（Esposizone Nazionale Artistica），展览场地设置在威尼斯东部的城堡花园，城堡花园首次成为大型艺术展览的场地，结合海岸的地理位置，形成了独具特色的展览风貌。而展览的执行机制与场馆规划，对日后的双年展产生了深刻影响。时任市长、诗人塞瓦提可（Riccardo Selvatico）提出，"要建立永久性的国际艺术展览会场，两年一度，让世界各地的艺术家能够经常在此聚首"[155]。议会、商人与威尼斯的艺术家都希望借助艺术与文化，重新激活威尼斯原有的城市地位和城市活力。1893 年 4 月，威尼斯市议会通过决议，计划设立两年一度的意大利艺术展，以庆祝意大利国王翁贝托一世与王后玛格丽塔的银婚大典，并成立了艺术展委员会，力求建立一个新的艺术市场。委员会规定采取邀请制度与专家评审制度，来决定参选威尼斯艺术双年展的艺术家和艺术作品。1895 年，威尼斯举办了第一届威尼斯国家艺术展，共设有 11 个展厅，提供给参展国家与地区使用，整个展览周期共吸引了 22.4 万名观众。20 世纪上半叶，威尼斯艺术双年展的影响逐渐走向国际化与规模化。1907 年，为了平衡意大利与国际上其他国家地区的众多展览问题[156]，威尼斯艺术双年展开始增设国家馆，形成了延续至今的基本形制。1930 年，意大利政府在双年展委员会中设置了自治委员会，并将双年展的控制权从威尼斯议会转移到了墨索里尼执政的法西斯政府。为了增加政府收入，政府在原有双年展的基础上增设了三个新的独立活动，包括 1930 年成立的"国际当代音乐节"、1932 年成立的"威尼斯电影节"和 1934 年成立的"威尼斯国际戏剧节"，三个活动作为艺术双年展的分支，逐步成为具有国际影响力的独立艺术活动。1980 年，建筑艺术门类从双年展中分离出来，成为独立的展览。

---

155 李俊，冯文俊，冯江. 花园·展馆·国家：威尼斯双年展花园区国家馆建设历程回顾 [J]. 新建筑，2019，1:39.

156 从 1895 年第一届双年展开始，德国、法国、丹麦、奥地利、英国就设立了独立展区。后意大利展区逐渐占据更多的展览空间与核心展览区位，引起各参展国对话语权、展览区位等众多问题的不满。在绿堡花园设计师弗拉德莱托的建议下，各国家可自费修建国家馆。

建筑双年展在偶数年举行，与在奇数年举行的艺术双年展交织举办。经过近一百年的发展，现在的威尼斯双年展成为世界上最具代表性的展览门类，分为威尼斯国际艺术双年展、威尼斯国际建筑双年展、威尼斯国际电影节、威尼斯国际音乐节、威尼斯当代舞蹈节、威尼斯国际戏剧节等。

1. 威尼斯国际艺术双年展：是威尼斯双年展中历史最长、规模最大的国际艺术展览，在奇数年的 5 月至 11 月举行。威尼斯市内的军械库（Arsenale）与城堡花园（Giardini）作为主要展览场地。其中城堡花园在 1895 年第一届双年展时就作为双年展的主要展场。而军械库直到 1980 年首届建筑双年展时才首次作为展览场地使用，后成为艺术双年展整体展览场地的一部分。除了军械库与城堡花园作为主要的展览场地外，威尼斯城市众多的城市公共空间、美术馆等同样成为国家馆与主题馆的场地。1970 年，威尼斯双年展改为主题展，通过设立策展人制度，由总策展人和各国家馆分馆策展人组成。每年设立特定的展览主题，以此来征集相关艺术作品，并通过国家馆与主题馆的设置来呈现艺术作品。

2. 威尼斯国际建筑双年展：在偶数年的 9 月至 11 月举行。1980 年建筑双年展从艺术双年展中独立出来，将城堡附近的军械库作为新的展览场地。建筑双年展作为原威尼斯艺术双年展的内容分支，在场地设置、运行机制等各方面都与艺术双年展一致，同样采用主题制与策展人制。除了策展人的展览，建筑双年展还包括 65 个国家（或地区）展馆的自设展。

3. 威尼斯国际电影节：由威尼斯双年展组织，是 FIAPF（国际电影制作人协会联合会）承认的、在每年 8 月至 9 月期间举办的围绕电影所展开的综合活动。威尼斯电影节是世界上最早的国际电影节，被誉为"国际电影节之父"，并与戛纳电影节、柏林电影节并称为世界三大电影节，

艺术家 Lorenzo Quinn 在
威尼斯国际艺术双年展创
作的公共艺术《Support》

军械库

城堡花园

威尼斯双年展展区

是电影世界最为重要的评审节日与活动节日。

4. 威尼斯国际音乐节：又称双年展音乐节，作为威尼斯双年展的音乐单元成立于1930年，并于每年9月至10月举办。威尼斯国际音乐节

展览/活动名称	成立时间	展览时间
威尼斯国际艺术双年展	1895 年	5 月至 11 月
威尼斯国际音乐节	1930 年	9 月至 10 月
威尼斯国际戏剧节	1934 年	7 月至 8 月
威尼斯国际电影节	1934 年	8 月至 9 月
威尼斯国际建筑双年展	1980 年	9 月至 11 月
威尼斯当代舞蹈节	2004 年	6 月至 7 月
威尼斯狂欢节	1980 年	2 月初至 3 月初

威尼斯主要展览与活动 |

汇集音乐、歌剧、歌唱等众多音乐门类的音乐人与作品，共计 30 余场演出。

5. 威尼斯当代舞蹈节：每年 6 月至 7 月举行，活动地点在军械库。以 2019 年为例，威尼斯舞蹈节在 6 月 21 日至 6 月 30 日举行，由室内外舞蹈作品和部分训练课程组成。

6. 威尼斯国际戏剧节：成立于 1934 年，在每年的 7 月至 8 月举办。早期的戏剧节主要在威尼斯城市中表演以威尼斯为主题的经典作品，如在小威尼斯广场上演出莎士比亚的歌剧《威尼斯商人》等，后成为展现多元戏剧发展、综合性的专业性交流活动。

（二）作为博物馆的威尼斯——展览活动对威尼斯的影响

威尼斯的城市活动对当代威尼斯的城市文化发展有着重要的影响。一方面，威尼斯的展览活动是对当代威尼斯城市文化形象的重新塑造。双年展及与之相关节日活动的举办使得威尼斯成为名副其实的艺术展示之城。从艺术内容上来看，作为世界上规格最高、最具权威性的艺术展览，其内容涵盖广度与奖项设置的高度，使得威尼斯几乎成为艺术殿堂的代名词。众多艺术家以参加威尼斯双年展、获得金狮奖为最高荣誉，不断推崇着威尼斯在当代文化与众多艺术门类中的地位。从展览周期来看，威尼斯艺术展与建筑展在奇偶数年的交替举办，又使得威尼斯长时间处于展览周期之内，双年展等相关活动的持续举办吸引了大量的参观者，使得威尼斯城市文化长时间在艺术展览之中积淀，同时更催生了与双年展平行的其他众多文化艺术展览。威尼斯自身的历史性环境与不断展开的艺术活动相结合，使威尼斯原有的城市文化更加多元与丰富。同时，威尼斯双年展等相关活动的举办推动了城市的参与活力，除了游客、艺术家对威尼斯相关活动的参与，威尼斯双年展同时推动了众多城市教育活动。以 2018 年威尼斯双年展为例，展览期间共有 160 所大学参与，其中包括了 50 所意大利境内的大学与 110 所世界其他地区的大学，总计 5730 名大学生。展览期间共有 50467 位参与者参与教育活动和展览指导，33347 名学生和志愿者参与相关教育活动，103 名学生参与了"跨学科能力与职业导向培养"（Alternanza Scuola Lavoro）实践项目等 [157]。同时，双年展组委会还在双年展期间举办了新的教育活动——双年展会议（Biennale Sessions），双年展会议在艺术双年展和建筑双年展期间举行，通过联合大学、美术学院等高等教育机构和研究机构举办一系列活动，以研讨会和培训课程的形式将威尼斯双年展与当地教育联系在一起。

另一方面，众多展览活动带来的负面影响同样值得反思。正如长时间隐居在威尼斯的哲学家阿甘本（Giorgio Agamben）所言："有的城市正在被自己赖以生存的事物毁灭——威尼斯就是如此。"当我们在谈论威尼斯蓬勃向上、旅游经济繁荣的同时，必须反思展览活动对城市居住、建筑与环境保护等众多方面带来的负面影响。众多的城市展览活动在刺激城市活力、吸引大量游客的同时，更造成了城市可持续发展的众多问题。威尼斯的历史城区正日渐迪士尼化。据威尼斯政府统计，在 2017 年，

---

157 Riccardob Bianchini.Venice Art Biennale 2018[EB/OL].(2018-07-17)[2019-1-7].https://www.inexhibit.com/specials/freespace-venice-architecture-biennale-2018-themes-exhibitions-events/.

威尼斯的年度游客总数超过 2000 万人，每天接待 6 万人。城市旅游业的畸形发展带来了城市物价增长和拥挤恶劣的居住环境，使得威尼斯当地居民难以在威尼斯继续生存，继而逃离威尼斯。旅游业的成功抬高了房地产的价格，以至于只有富人及收到政府补贴的贫困人口才能负担起在威尼斯老城的生活。高昂的房地产价格、政府过度对旅游业的依赖以及旅游业所影响的城市物价与生活成本，使得新兴产业与舒适的城市生活只能移至旧城之外的外岛。中产阶级家庭在城市中逐渐减少，据统计，当前威尼斯本地人数量从 1945 年的 17.8 万人，下降到 1981 年的 9.2 万人，再到 2018 年的 5 万人，城市人口仅占二战后城市人口的 30%。众多城市居民举行"出威尼斯"（Venexodous）的示威活动，呼吁政府限制旅游人数，保障本地人的权益。同时，巨大的参观人流量带来了对城市建筑环境的破坏，大量不断驶入威尼斯港的游轮持续腐蚀着威尼斯脆弱的海岸，交通污染使得威尼斯的环境不断恶化。早在 2014 年，联合国教科文组织就曾警示威尼斯，若不能有效减少历史中心区周围海域的游轮数量，威尼斯将可能被列入世界文化遗产"危险"名单。为了合理有序地减少游客对威尼斯的破坏，威尼斯政府开始限制游轮的数量并实施可持续的旅游业相关政策措施，如增收城市游客"观光税"、限制城市酒店数量、限制城市商业设施发展等众多举措。

威尼斯所具有的艺术展览属性，使得威尼斯城市自身成为一个空间与展品组合的博物馆整体，城市空间既是艺术活动的场所，又构成了博物馆化的、被参观的实体对象。不可否认艺术展览对威尼斯城市文化发展的促进作用，但城市的"过度参观"所带来的众多城市问题反映了历史城市在当代过度旅游化背景下的普遍现象。城市问题除了需要通过城市政策和管理介入之外，更需要重新审视当代历史城市的发展策略与设计机制。

第六节　本章小结

　　本章通过博物馆城市五种类型的论述，明确了博物馆城市所呈现的具体特征。针对博物馆城市的每种类型特征，阐释了不同类型特征的概念范围与其在城市中的具体意义。在具体论述中，以世界范围内具有代表性的城市为例，围绕这些城市的历史背景、文化遗产展示的方式，论述这些城市具有博物馆意象的背后规律。通过对五座城市的研究可以看出，城市博物馆意象的呈现，与其城市营造的具体观念和方法有着密不可分的关系。五座城市之所以能呈现出不同的博物馆面貌，既来自于城市历史发展过程中"自然"形成的文化差异和文化遗产的特色，又与城市设计者"人为"地将文化遗产介入到城市设计中有着密切关联。但必须强调的是，所举例的五种类型特征并不是强调一种边界牢固、死板型的划分方式，城市作为一种巨大系统的集合，也不可能仅具有一种特征描述。从本书中也可看到，在不同的城市中，博物馆城市的特征往往有着不同的表达比重，一座城市往往同时具备两种或两种以上的博物馆类型特征。如柏林同时具备城市记忆与事件、众多博物馆机构、艺术展览活动三种特征，巴黎同时具备众多博物馆机构、艺术展览活动的特征……本章将一种类型对应一座城市的论述方式，目的在于论述这座城市最为凸显的特征部分和总结类型特征的规律与方法，以此作为论据来例证博物馆城市这一概念的自洽性与合理性。

第四章

博物馆城市的策略构想

"我希望能消除一个如此广为流传而未加批判的概念，即：城市是一个巨大的偶然事件的产物，它超乎人的意愿的控制，不以人的意志为转移。我坚决主张人类意愿现在能够有效地施加在我们的城市之上，因而城市所采取的形式将是我们文明最高抱负的真切体现"。

——埃德蒙·N·培根《城市设计》

一座城市设计的开始，起始于设计者或城市管理者对于城市主观意志的介入。如培根所言："建造城市是人类最伟大的成就之一。城市的形式，无论过去还是将来，都始终是文明程度的标志。这种形式是由居住在城市中的人们所做的决定的多样性来确定的。在某些情况下，这些决定的相互作用产生那样明晰和那样一种形式的力，以至一个杰出的城市得以诞生"[158]。城市之所以用"设计行为"或"规划行为"作为其建构途径，在于城市的主观可创造性。不是所有的城市都是自然形成的，不可否认城市在形态肌理、城市生活等片段有着自组织的过程，但城市空间的组织结构、城市文化的传播方式却受城市设计者主观意志的影响，具有着特有的人为思考痕迹。培根强调的"施加于城市之上的意愿"，是在人类整体文明的进程之下，城市建构过程中主观表达的一种意愿行为。因此，一座城市的设计、生长与发展都有着不同的形成过程，而这个过程的复杂性与差异性，则来自于城市设计者对于城市建构原则与建构策略的判断与实施。

克里斯托弗·亚历山大（Christopher Alexander）在其著名的《城市并非树形》一文中提出了城市生长的两种结构意象——"树状结构"与"半网状结构"[159]：一个真实的、具有活力、健康的城市应是复杂的、非线性的"交叠"网络，而绝非线性的"树状"结构。本章所提出的博物馆城市的建构原则与策略，不是力求建立一种死板的静态式、围墙式

158 埃德蒙·N·培根. 城市设计 [M]. 黄富厢，朱琪，译. 北京：中国建筑工业出版社，2003:13.
159 亚历山大. 城市并非树形 [J]. 严小婴，译. 建筑师，1985(24).

的"城市设计模型"，以求取得主观的普世价值，而是更注重城市已有的复杂性与系统性，将"博物馆城市"作为一种可待发掘的"属性特质"进行归类与研究，通过案例分析与策略建构，为当代城市发展提供一种策略方法与文化参照。

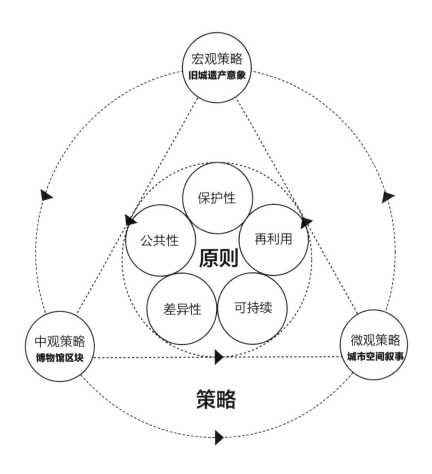

博物馆城市设计原则与
策略模型

第一节　博物馆城市的设计原则

一、保护性原则

　　城市作为一种文化的容器，在于城市所承载的丰厚的人类文明历史进程与文明表征。将城市看作是一个具有博物馆属性的空间，其核心在于城市所蕴含的丰富的历史性内涵和广阔的文化传播属性。城市之所以具有博物馆属性，在于文化遗产与城市空间在长时间的历史进程之中的相关影响与交织建构。因此，博物馆城市的建构，不可能是凭空捏造或个人意志的主观创建，而是基于一座城市的历史文化遗产，建构的一种具有博物馆属性的空间特质。其中，保护性原则是博物馆城市得以建构的起始点和必要条件。

　　在建筑与城市领域，保护的概念可以一直追溯到文艺复兴时期，后经启蒙时代、18 世纪如画风格和 19 世纪建筑保护观念的发展，建筑领域中保护的概念有着较为明晰的概念对象与意义延伸。二战之后，面对多数历史城市中心的摧毁，人们开始重新思考建筑保护的当代意义。众多的宪章文件开始关注建筑保护与其理论的建设[160]。例如《雅典宪章》提出针对"有历史价值的建筑和地区"的保护问题；《威尼斯宪章》则将《雅典宪章》中的对象范围进一步扩展，指出古迹的保护"包含着对一定规模环境的保护""不能与其所见证的历史和其产生的环境分离"[161]；《华盛顿宪章》对历史城镇和区域保护的解释为"对历史城镇和区域发展融入现代生活所采取的防护、保护和修复的必要措施，记录它们对当今生活和新发展的适应"；《巴拉宪章》对保护的定义是"保留其文化意义的全部过程"等。众多准则界定了保护的意义，保护性原则成为历史性城市发展的前提与基础。对于具有博物馆属性的城市设计

160　关键性的宪章文件包括 1877 年针对哥特式古迹改造而提出的《古建筑保护协会宣言》、1931 年针对历史遗迹与保存提出的《雅典宪章》、1964 年提出的《威尼斯宪章》、1972 年提出的《巴黎公约》、1975 年的《欧洲建筑遗产宪章》、1976 年的《毕内罗建议》、1987 年的《华盛顿宪章》、1999 年的《巴拉宪章》、2001 年的《保护和管理历史城市、城镇和城市历史地段的瓦莱塔准则》，以及我国于 1982 年颁布的《关于保护我国历史文化名城的请示的通知》、2008 年批准颁布的《历史文化名城名镇名村保护条例》等。

161　阳建强. 城市历史环境和传统风貌的保护 [J]. 上海城市规划, 2005(10):19.

来说，保护性原则需体现在以下两个方面。

（一）城市历史环境保护的完整性

城市历史环境指的是城市中具有历史性的建筑、建筑群、街巷、广场、历史街区所组成的一种城市整体的历史面貌与城市环境，它是人生活在城市之中所感受到的历史信息与内容的整体表达。城市历史环境保护，是将城市历史环境看作是一种被保护的文物对象，从而有效控制城市整体形象和城市建设，"历史环境保护是从文物保护出发，保护与此有关的建筑、建筑群、街巷、广场和历史街区，控制有损当代空间环境品质和景观质量的建设项目，从而为城市历史、建筑艺术作出贡献，进而保护独特的城市个性，提高城市的吸引力。历史环境保护不能像文物保护那么严格，它不是要绝对地保护某些特定的建筑，而是要从整体上保护城镇建设的特色"[162]。城市历史环境催生出一座城市最具差异性的视觉特征，进而构成一座城市特有的城市风貌，它体现了一座城市从城市形态、城市肌理到建筑风格的整体呈现。城市历史环境不是一天形成的，它来自于城市风貌之下建筑单体、园林景观、街道广场等众多因素的集合。它是城市在长时间的发展过程中形成的一种整体形象，因而具有历史性、艺术性、整体性的特征。而随着城市的发展和人口的增加，众多历史城区已无法满足城市当代使用和未来发展的需求，进而面临着城市建设过程中的拆毁与破坏。在这个过程中，城市的历史性由原有的城市历史整体，走向了局部文化遗产残留的文化孤岛。城市历史环境的保护，需要从整体的视角来重新审视，进而展开保护策略。

城市历史环境与城市风貌保护的完整性，要求城市在发展过程中对城市历史建筑物、城市历史环境、城市历史传统等因素的状态进行整体保护与控制，使得城市的历史风貌得以留存与展现。

162　张松.历史城市保护学导论 [M].上海.上海科学技术出版社,2001:10.

城市历史环境与城市风貌保护应聚焦以下三个层级当中：

1. 区域层级：包含城市形态、街道格局、轴线、行政区域等；

2. 建筑层级：包含建筑物、遗址、广场、城市雕塑、基础设施等；

3. 自然层级：包含城市中的地形保护、河流保护、海滩保护、湖泊保护、绿地公园保护等。

一方面，一座历史性城市不是短时间内可以快速形成的，更不具有在大拆大建之后靠短时间内的复原而重新赋予价值的可能。这一原则要求的是从长跨度的时间维度审视城市历史环境与风貌形成的内因，是在整体视角下处理城市历史事实与未来城市可持续发展之间的协同关系，涉及旧城与新城、城市与自然等多种风貌之间的关系处理，目的是使城市在完整保存历史环境的基础之上，又能提供新的城市空间，形成基于历史环境，呈现整体性的城市风貌特征。

另一方面，历史城市的保护不能只是重点遗产的局部保护，而应从整体视角形成对城市历史环境、城市风貌、城市生活的整体保护。城市历史环境是城市整体风貌构建的前提条件，通过加强对城市历史建筑、遗址、街道和景观的保护，从而保存城市历史信息、城市历史形象和城市历史特色，进而决定城市未来整体风貌发展的基本条件。这一原则包含了城市历史环境的物质遗产与非物质遗产两个方面，它适用于城市中的建筑、遗址、村落等建筑古迹，而且对城市历史习俗、节庆活动的传承有着重要指导意义。

（二）建筑古迹保护与修缮的原真性

建筑古迹是城市历史价值的载体，针对有历史价值的建筑文物修缮是城市历史得以保护的重要手段，建筑古迹的保护与修缮需遵循原真性原则。

原真性（Authenticity），即非假的、真实的。原真性原则涉及人类文明创造的众多门类。在英文构成中，Authenticity 来自于中世纪时期的 Authoritative（权威）一词，其内涵指向宗教中的原始性与宗教遗迹的真实性，代表了一种事物的起源性与不可质疑性。原真性一词在城市与建筑领域被引入的时间始于 20 世纪 60 年代，在 1964 年通过的《威尼斯宪章》中，建筑与城市保护的原真性原则首次被提出，"将历史古迹原真性的全部信息（The Full Richness of Their Authenticity）进行传播，是我们的职责"。1972 年联合国教科文组织颁布的《保护世界文化和自然遗产公约》中，原真性原则作为评判世界文化遗产评选的重要原则参考，并要求从设计、材料、工艺、环境四个方面来检验遗产的原真性。1994 年通过的《关于原真性的奈良文件》中，原真性问题成为文化遗产保护的核心问题，文件指出："原真性本身不是遗产的价值，而对文化遗产价值的理解取决于有关信息来源是否真实有效。由于世界文化和文化遗产的多样性，将文化遗产价值和原真性的评价置于固定的标准之中是不能的。"[163] 原真性作为文化遗产的重要评价标准，是衡量文化遗产的文化意义与历史价值的重要参考系。

建筑古迹保护与修缮的原真性，是建筑古迹保护与修缮过程中须遵守的具体准则，强调的是在保护前提下不改变建筑古迹的原状与历史痕迹，它意味着真实、完整地保护文物古迹在历史过程中形成的价值及其体现这种价值的状态，有效地保护文物古迹的历史、文化环境，并通过保护延续相关的文化传统[164]。

针对建筑古迹的原真性修复，一般采取整体保护与局部修复的方法进行，将文物古迹按照其历史原貌进行完整保护与修缮，它需要文物保护工作者针对文物古建筑的历史史料、建造细则、技术工艺等领域有着全面的学习与掌握。因此，修复与保护具有客观性，绝非主观的个人创造。同时，建筑古迹保护与修缮是一个具体情况具体分析的过程，"修

163 张松 . 历史城市保护学导论 [M]. 上海：上海科学技术出版社，2001：
    309.
164 中国国家文物局 . 中国文物古迹保护准则 [M]. 北京：文物出版社，
    2015：9.

德国柏林威廉皇帝纪念
教堂在二战中严重损毁，
战后柏林将教堂残骸保
存在炸毁的状态用以警
示后人，并在一侧建设
了新的八角形教堂与玻
璃钟楼发挥原有作用

罗马斗兽场保留了不同
历史时期的修复痕迹，
体现出不同时期修复观
念、技术与材料的区别，
同时保留了历史进程中
的局部残缺性，展示真
实的历史片段

复原状"不等于"修复如新"，对于一些已经破坏或损毁但对人类文明有着至关重要意义的历史遗迹来说，在原址上的修复必须谨慎，应在保持原有历史价值的前提下做到对文物古迹的最小干预，不破坏古迹与城市环境的关系，呈现最恰当的修复状态。

1. 建筑古迹的原状状态

①实施保护之前的状态；

②历史上经过修缮、改建、重建后留存的有价值的状态，以及能够体现重要历史因素的残毁状态；

③局部坍塌、掩埋、变形、错置、支撑，但仍保留原构件和原有结构形制，经过修整后恢复的状态；

④文物古迹价值中所包含的原有环境状态。

2. 必须保存现状的对象

①古遗址，特别是尚留有较多人类活动遗迹的地面遗存；

②文物古迹群体的布局；

③文物古迹群中不同时期有价值的各个单体；

④文物古迹中不同时期有价值的各种构件和工艺手法；

⑤独立的和附属于建筑的艺术品的现存状态；

⑥经过重大自然灾害后遗留下来的有研究价值的残损状态；

⑦在重大历史事件中被损坏后有纪念价值的残损状态；

⑧没有重大变化的历史环境。

3. 可以恢复原状的对象

①坍塌、掩埋、污损、荒芜以前的状态；

②变形、错置、支撑以前的状态；

③有实物遗存足以证明原状的少量的缺失部分；

④虽无实物遗存，但经过科学考证和同期同类实物比较，可以确认

原状的少量缺失的和改变过的构件;

⑤鉴别论证,去除后代修缮中无保留价值的部分,恢复到一定历史时期的状态;

⑥能够体现文物古迹价值的历史环境。[165]

同时,原真性还体现在:对已不存在的文物古迹不应重建;文物古迹经过修补、修复的部分应当可识别;所有修复工程和过程都应有详细的档案记录和永久的年代标志;文物古迹应原址保护等几个方面。[166]

以罗马斗兽场的修复为例,修复罗马斗兽场的核心问题是如何呈现修复建筑的历史状态与时间节点,即被修复的建筑与遗迹应该以何时的样貌为参考标准。受历史进程的影响,罗马斗兽场呈现出众多历史阶段的特征。罗马斗兽场自公元 82 年建成以来,最初为可容纳 8 万人的竞技场,斗兽场中间的位置引水成湖,进行海战的表演。后随着罗马帝国的没落与多次战争的破坏,斗兽场一度被放弃,变成了采石场。15 世纪以基督教会的名义被保护起来,成为教会活动的场所。而至 19 世纪,经过地震的损坏,罗马斗兽场多处结构都已处于极限状态。因此,如何呈现这些不同历史的面貌,是修复的重点工作。教皇利奥十二世以不同的材料来区分新老结构,使斗兽场呈现出明晰的原始结构和被修复的痕迹,使后人对于斗兽场的原始结构和修复痕迹有着清晰的认识。在罗马斗兽场长时间的修复过程中,产生了三种影响深远的修复理念。一是19 世纪圣卢卡学院院长、雕塑家卡诺瓦(Antonio Canova)所认为的极少主义原则:建筑修复的目的并非修复本身,而是应保存历史所遗留的视觉片段,保存现状即是最好的修复,应以最小的手段介入建筑的修复之中。他认为斗兽场应作为历史的痕迹而存在,而非被修复的结果。二是以托尔瓦德森(Albert Thorwaldsen)与维斯康提(Ennio Quirino Visconti)所代表的"复原"理念,即对建筑中的历史片段进行完整

---

165 中国国家文物局 . 中国文物古迹保护准则 [S]. 2015:9-10.
166 同上.

的复原性修复，即最大化的修复介入，包括对已消失的古罗马斗兽场中的雕塑复原与扶壁的再建等，目的是使斗兽场恢复到其最具历史价值的原貌。三是由拉斐尔·斯特恩（Raffaele Stern）与瓦拉迪埃（Giuseppe Valadier）针对斗兽场所提出的修复理念，即在保存原有建筑整体痕迹的同时，通过有区别的材料来修复原有的建筑界面，使建筑在得以修复形态的同时形成有区别的视觉区分。这种方式在包括斗兽场在内的众多罗马建筑遗址中被广泛应用，直至影响到今天。

罗马斗兽场保留了不同历史时期的修复痕迹，体现出不同时期修复观念、技术与材料的区别，同时保留了历史进程中的局部残缺性，展示真实的历史片段。

二、再利用原则

（一）建筑遗产的再利用

建筑遗产的再利用，是要求在城市发展过程中对古代文物、近代文物、现代文物进行系统的梳理与保护，防止文物的破坏与损坏，使得文物古迹能在未来城市发展中得到保存并有着合理的利用方式，进而达到文化遗产传承的目的。

建筑遗产的再利用指的是文物古迹在保护前提下的可持续"利用"。再利用原则同样是一种积极的保护态度。一方面，文物古迹的可持续利用是延续文物古迹在城市空间中的正常机能状态，文物古迹不是僵化的古董，而是城市生活整体的有机组成部分。另一方面，文物古迹的再利用在保存自身历史价值的前提下，为城市文化的产生与发展提供了历史基础，是城市文化活动和城市文明发展有力的助推器。建筑遗产再利用的具体原则如下。

1. 保护与可利用相统一。正如《威尼斯宪章》提到，"为社会公益而使用文物建筑，将有利于它的保护。"文物保护不是一味地冰冻式保护，而应将合适的再利用看作是另一种保护古迹、延续其生命力的有效手段。例如故宫、卢浮宫等众多文化古迹作为综合性、可参观的博物院而存在，使得其在保护古迹的前提下又能与当代城市文明形成有效衔接，使文物古迹的保护、研究、展示与传播的属性更加多元，进而促进其自身保护与可持续的有效落实。

2. 延续自身功能属性。延续自身功能属性是减少对古迹干预的方法之一。历史中的众多古迹遗产，延续其历史中的作用，并与城市自身的文化活动相结合，是保护与再利用的有效方式，如城市古迹中的教堂等宗教建筑，在现代城市中继续发挥其自身功能属性，从而使得教堂形成保护与可持续使用的良性循环。

3. 具体遗产具体分析。应对不同损害状况、不同历史属性的文物古迹作出具体的保护与使用分析，如历史价值珍贵的古代遗迹，应在政府管理、专家建议下取得保护与可持续利用之间的平衡。有些遗迹适合作为博物馆进行整体保护，有些则适合作为考古公园融入城市生活之中，对于价值不明显的文物古迹则可以作为现代功能空间进行持续使用等。

以巴黎奥赛美术馆为例，奥赛美术馆原是1897年在巴黎塞纳河右岸修建的奥赛火车站，其修建目的是为1900年巴黎世博会提供便利的交通功能，便于法国南部与西南部公民参观世博会。在世博会结束后车站逐渐被荒废，并于1939年关闭，后作为邮政中心。1978年，法国政府决定将奥赛火车站改建为一座博物馆，其定位介于卢浮宫博物馆与蓬皮杜艺术中心之间，目的是填补法国古典艺术与现当代艺术之间的过渡，完整展示法国艺术发展历程。1848年以前的多数艺术作品大多分布在卢浮宫，而1914年以后的现当代作品则多在蓬皮杜艺术中心，奥

巴黎奥赛美术馆原是建于1900年巴黎世博会期间的火车站，1978年火车站在保留其历史风貌的基础之上被改建为美术馆

赛美术馆的成立使得法国的艺术历史发展脉络得以建立完整，满足了更多艺术作品的展出要求[167]。改造后的奥赛美术馆展厅面积达 4.7 万平方米，成为巴黎市内最为重要的博物馆之一。

（二）历史街区的再利用

历史街区是城市文化资源的重要组成部分。不同于文物古迹具体的历史价值体现，历史街区不仅是城市历史价值的载体，更是当代城市生活的具体组成部分。历史街区的概念由来已久，1976 年的《内毕罗建议》提出："历史街区是各地人类日常环境的组成部分，它们代表着形成其过去的生动见证，提供了与社会多样性相对应所需的生活背景的多样化，而且基于以上各点，它们获得了自身的价值，又得到了人性的一面。"[168]1987 年《华盛顿宪章》将历史街区定义为："城镇中具有历史意义的大小地区，包括城镇的古老中心区或其他保存着历史风貌的地区。"[169]历史街区是一个宽泛的内容组成，它既具有历史价值的建筑古迹与历史遗产，又呈现出当代生活的街区特征。因此需要在历史保护与当代生活的可持续利用之间找到平衡。

保护是历史街区得以保持其历史价值的基本要求，再利用是将历史街区与当代城市生活交融的必要途径。如迪克斯所言："一个充满活力的街区总是既有新建筑又有旧建筑，而如果全部是某一个时期的建筑，

---

167 奥赛美术馆的展览区域共计三层，集中展示 1848 年到 1914 年期间最具代表性的艺术作品。其中一层展示 1848 年到 1875 年间现实主义画派、浪漫主义、新古典主义与印象派初期的众多作品，包括多米埃、米勒、马奈、安格尔的作品等；二层以雕塑作品为主，展出作品包括罗丹、布尔戴尔的艺术作品等；三层顶部空间主要展示印象派绘画，包括梵高、莫奈、雷诺阿、德加等艺术家的作品集中于此。

168 UNESCO. Convention Concerning The Protection of The World Cultural and Natural Heritage[EB/OL]. (1972-11-16) [2018-12-30]. http://whc.unesco.org/en/conventiontext.

169 ICOMOS. Charter For The Conservation of Historic Towns and Urban Areas (Washington Charter) [EB/OL]. (1987)[2018-12-30]. https://www.icomos.org/charters/towns_e.pdf.

只能说这个街区已经停止了生命。"[170] 历史街区的保护与利用，要求的是在保护历史街区价值内容的前提之下，将古老的历史街区融入当代和未来的城市生活之中。一味地局部保护只会使历史街区成为众人远离的文物地块，进而脱离城市生活街区的本质。而过度的发展又会使历史街区脱离历史，走向街区的同质化。因此，历史街区的可利用，要求将街区的历史与当代生活有着合理与自洽的融合，将历史街区中具有历史价值的街区片段进行区别保护并根据保护实际情况进行可持续利用。历史街区的保护内容包含历史街区建筑立面的保护、街道格局的保护、街道肌理的保护、建筑高度的保护等。再利用的内容包括对原历史街区底层基础设施的改建、街区建筑使用功能的转换、人口数量的调整、风貌保护前提下的街道属性转换等。

三、可持续原则

可持续的概念来自于 1987 年的《布伦特兰公告》，其出发点是针对人类生存的众多环境问题提出的一种"可持续发展"（Sustainable Development）观念。对于历史性城市来说，城市生活的可持续是历史性城市在当下面临的严峻课题。城市生活是一个城市的人群在特定的城市历史、环境与文化影响下所呈现的一种生存状态，城市生活反映了一座城市在独有的文化底蕴下所催生的城市生活面貌，更是城市活力、城市精神的集中体现。

城市生活对于多数城市来说是一种自发产生、自发演进的结果。但随着城市化的进程，城市的现代化建设早已使得城市生活的结构发生了翻天覆地的变化。随着城市化进程的加快，人口大量地涌向发达地区，经济落后地区的城市人口逐渐减少，城市生活结构不断被破坏、城市空心化现象日益明显。对于大多数历史性城市来说，城市历史的景观化与

170　单霁翔. 文化遗产保护与城市文化建设 [M]. 北京：中国建筑工业出版社 , 2009:280.

旅游化虽然带动了城市经济发展和文化传播，但却使得历史旧城产生了众多旅游后遗症状。伴随着旅游产业化的形成，旧城的地价与租金不断提高，过多参观者涌入使得城市人口密度提高，历史旧城中的历史古迹不断被破坏，原住居民的生活质量不断受到威胁。正如当代威尼斯所面临的棘手问题一样，旧城中的人们生活在非真实的生活之中，成为别人目光之下的景观与文物。因此，如何从城市生活的角度重新看待城市的保护与可持续，是历史性城市必须处理的核心问题。

城市生活的保护与可持续，要求的是城市在发展过程中必须重视城市当代发展与城市生活环境之间的协调与共生。其内涵包括了城市生活记忆、城市生活习惯、城市生活经济、城市生活空间等多方面的保护与可持续。城市生活的可持续不是单方面的措施可以解决的，将保护与可持续看作对立的处理视角势必会导致单方面的举措失衡与局部性的解决困境。因此，它要求城市设计者要从"生活"的视角重新看待城市发展的问题与可能，同时从城市法律法规、政府监管力度、城市文化参与方式等多方面进行系统考虑。需要强调的是，博物馆城市所强调的"博物馆"绝非将城市生活变成一种被保护的固定对象与展示对象。没有人喜欢生活在被保护的城市"橱窗"之中，城市设计者需要思考的是如何在城市保护与发展之间求得一种平衡，使人们能够既身处于充满历史的城市环境之内，又能生活在有良性发展的城市"文化"之中。

四、公共性原则

公共（Public），即公众的、公共的、公开的。在城市公共空间相关理论中，公共性的探讨围绕着城市公共领域展开。随着 18 世纪末城市公共场所（博物馆、沙龙、图书馆等）与公关媒介（报纸、电邮等）

在城市生活中的逐渐显现，公共性成为公众舆论的关注对象。哈贝马斯认为公共性"本身表现为一个独立的领域，即公共领域，它和私人领域是相对的"[171]，"公共领域，首先是指我们社会生活的一个领域，像'公共意见'这样的事物能够在这个领域中形成。它原则上是对所有公民开放的。公共领域的一部分由各种对话构成，在这些对话中，作为私人的人们来到一起，从而形成公众。特别需要强调的是，它们是在非强制情况下作为一个群体来行动的，并具有可以自由集合、组合的保障"。阿伦特则将公共性定义为"独特性"和"共同性"共存的世界，强调公共空间的"透明性"（公开可见）、"世界性"（与私人领域相对）。"公共"与"私有"是一对相对概念，体现在开放、平等、自由、共享、交流等多个方面。公共性可看作是具有博物馆属性的城市空间与人之间的一种相互关系，这种关系决定着具有博物馆属性的空间绝不是个人的珍宝室或孤芳自赏式的个人私密场所，而应是具有城市公共属性、面向城市、面向公众、面向生活的"公共世界"。

具体来看，博物馆城市的公共性原则体现在以下两个方面。

（一）公共的空间

亚历山大在《城市设计的新理论》中认为："由于当代城市功能的复杂化、建设行为空间分布的广度等原因，城市规划设计很难做到东西方古代城市体现的绝对整体美和秩序，但仍然需要在城市局部地区建构清晰的城市公共空间结构。"[172] 对于城市设计来说，城市的公共空间塑造是核心目的。以公共性为构建原则，要求的是博物馆城市的空间所呈现的空间身份。作为具有博物馆属性的城市，博物馆城市的空间应为公众而设，在特定的文化遗产、城市历史与城市环境之下，以创造、改善城市公共空间为目标，强调城市空间所形成的一种公众氛围和公众群体意象，设计应聚焦于城市空间中的街道、广场、绿地、文化机构等公

171 哈贝马斯. 公共领域的结构转型 [M]. 曹卫东，译. 上海：学林出版社, 1999:2.
172 ALEXANDER C. A New Theory of Urban Design[M]. Oxford: Oxford University Press, 1987.

共空间场所，着力通过城市公共空间的设计来建立城市"自发性公共活动"的空间基础，以达到城市公共空间中的物质、精神与文化需求的合理结合。城市公共空间强调自身所具有的开放性与共享性，二者皆由城市空间的物理营造和人为意志的介入而共同形成。其中开放性强调的是城市空间的使用者，强调空间在时间进程中所形成的公众参与事实；共享性则强调空间中不同公众的相互关系，城市空间不是孤立封闭的私人区域，而是由公众共同使用、共同参与而形成的有活力的场所。城市公共空间并不以传统认知的建筑内外环境作界定，随着建筑观念的发展，城市逐渐发展出众多的中性空间和室内外一体性空间。因此，在城市中为公众开放和共享共有、以公众的利益为基本价值取向的城市空间，皆可视为城市的公共空间。作为一种文明的见证，城市之中的文化遗产所体现的内涵与价值，都在具有公共属性的空间之中得到体现。因此，在公共性原则要求下，博物馆城市不是对文化遗产的单向保护与隔离，而是面向公众，在城市公共空间呈现的一种公共文化资源。

（二）公共文化服务

公共文化服务是一座城市文化活动得以运作的机制基础，决定着一座城市的文化资源、文化氛围与发展水平。文化服务不应是小众群体的资源独享，而应是城市整体视野下的一种公共资源。"公共"二字强调：文化服务是围绕文化遗产而展开的、以公共群体为服务对象的一种城市文化策略，是一个涵盖公共教育、公共设施、公共审美等众多系统的文化服务体系。

城市公共文化服务设施是城市文化服务得以落实的核心载体。一方面，城市中的众多文化机构是城市文化服务得以展开的核心基础设施，围绕以遗产地、博物馆、图书馆为代表的文化机构展开丰富的文化活动，不同的文化机构根据自身的属性与特征，向公众传达着艺术、科学、历史等丰富的文化内容，通过高水平的策划与展览设计的介入，使得公众在文化机构中得到丰富文化的洗礼，形成对历史文化的多元认知。另一方面，从城市设计的角度，城市中具有公共文化服务属性的公共空间，是展开公共文化服务的有效途径。通过文化与艺术活动策划、公共空间改造、公共艺术对城市的激活等手段，赋予城市公共空间更多的文化服务属性。

五、差异性原则

城市的差异性，指城市在长时间历史发展过程中受众多因素影响所形成的具有特色的城市文化、城市风貌、城市形象等差异性表征。将差异性看作是博物馆城市的设计原则，要求历史城市在发展的过程中要有意利用自身的城市特质、文化与地理差异，在城市设计的过程中形成包含城市规划、城市风貌、建筑特色、城市生活、城市管理等众多层级的"城市差异性"。

从宏观的城市发展看，在工业革命以前，受到交通、地理等众多"隔离性"因素的影响，东西方城市之间呈现出一种各自独立、互不干扰的发展态势。从整体的城市风貌与建筑结构到城市中的宗教信仰与文化观念，东西方城市之间都有着众多差异性特征。同时，在东西方国家地缘之内，城市之间虽有着整体的文化统筹与控制，但不同地域的城市仍体现出不同的差异性特质。这种差异性既是人类文明异质发展的结果，也是人类文明得以丰富与多样性发展的根源。工业革命后，交通方式的更迭造成地理时空的压缩，原有的城市地理自我保护体系崩解，城市之间差异性逐渐缩小。随着西方殖民主义的盛行，在文化强权入侵之下，东西方之间的文化差异逐渐缩小。二战之后，伴随着国际主义与现代主义思潮下全球城市化的加速发展，城市的差异性逐渐被同质性所取代。以中国为代表的城市化进程使得许多历史性城市逐渐转变为"现代化都市"，城市文脉受到破坏，文化与历史痕迹逐渐消失。原有城市的差异性与多样性逐渐走向统一，形成了当下"千城一面"的困境。因此，城市差异性的缺乏，不仅导致了城市的单一与乏味，更有损城市文化延续与发展的历史根基。将差异性看作城市保护与发展过程中重要的思维参照，是一座城市整体得以保持其自身差异性、激发发展新活力的重要举措。

从城市文化发展来看，城市人群类型的差异性是城市文化结构得以丰富的最为重要的构成因素之一。二战后，全球城市生活逐渐呈现出"地球村"式的发展趋势。城市不再是一个固有群体的生活场所，而是成为多样性群体共同参与的社会空间。正如路易斯·沃斯认为，城市具有三个主要特征——巨大的人口规模、社会的差异性及高人口密度。城市人口流动所形成的城市生活的差异性，使得城市的文化属性、人口结构、生活方式产生巨大的多样性与差异性。人口种族、语言、地域等众多因素的交织使得城市文化不是一种静态的"同一性结果"，而是走向一种动态的"异质性过程"。若将城市生活看作是一个众多群体构成的综合系统，那么城市群体的差异则是这个系统得以开放并生长的关键性因素。已有的城市文化在多种差异性群体的相互影响之下得以继续生长，继而催生新的城市活力与城市形象。

从城市空间的设计来看，城市空间中的差异性因素是城市空间得以多样性发展的必要条件。历史性城市的空间不是完全被保护的历史文物，它需要城市在发展过程中合理处理过去历史、当下生活和城市未来发展的多重关系。受时间、地区等不同因素影响，城市中不同的空间区块、不同年代的地区街道和建筑之间都存在着彼此相对而言的差异性。

差异性是城市历史发展所形成的特有结果，在城市设计中需将差异性合理使用，而非人为地去除异质而追求同一。城市空间中多种差异性因素的并置与组合，可以使城市空间的功能属性、文化价值呈现出多样性的特征，如建筑古迹与城市生活空间的并置、工业废墟与艺术空间的交融、文化遗址与商业空间的结合等。城市空间中差异性因素的合理使用，是城市空间维持多样性、保持城市密度、激发城市活力的有效手段，有利于促进城市历史、当代空间与未来生活三者之间的良性循环发展。

第二节　博物馆城市的设计策略

博物馆城市的设计并非从无到有创造一个新的城市空间。博物馆城市的设计，其核心是城市的博物馆性的发掘与建构。对于一座历史性城市来说，城市的历史不是一朝一夕得以建立的，它是一座城市在长时间的历史发展过程中的不断累积与城市自身系统的不断演进而形成的岁月事实。城市中众多的文化遗产不仅是城市历史的见证，更是当代城市文化得以发展进而创造未来的文化基石。

围绕"文化遗产为中心"展开城市设计，是对当代以"功能为中心"进行城市设计观念的有力批判。事实证明，当代以"功能为中心"的城市设计策略虽然在快速城市化进程中有效地解决了城市人对于城市生活功能的应激性满足，却忽略了城市原有历史与文脉的保护，忽视了生活在城市之中的人群对于城市文化的感知，进而形成了城市建设与城市文化的断层与隔阂。随着城市历史遗产逐渐被新的城市功能空间所代替，城市不再是文化的容器，而是成为仅能解决生活基本功能、整体冷漠与虚无的同质空间。但当我们将目光回溯到那些仍充满历史记忆、满载城市温度的历史性城市之中时，我们会发现文化遗产对于一座城市整体外在形象和内在文化底蕴的塑造作用与意义。若将历史性城市视为一种文化系统下的复合表征，那么针对文化遗产的保护与传播则可以看作是当代视野下另一种创造城市文化的过程，其中既包含了对城市文化的传承与发展，同时也包含了对城市文化保护的重新思辨。正如自组织理论中对于系统开放与环境依托的重要性，系统在任何时候都不能脱离其存在的环境，凡是有寿命的系统，都必定与外界有着物质和能量的交换，都具有开放性[173]。对城市历史文化遗产不应仅是封闭式的冷冻式保护，而应与城市生活、对城市文化进行有机的融合与演进，从而形成有效的保护与可持续发展。因此，博物馆城市的设计策略，是在城市文化遗产基础上对城市文化传播途径的重新梳理，进而发掘城市中早已被隐藏并可被重新建构的博物馆属性。

本节从"宏观的城市整体层面""中观的城市空间层面""微观的空间展示层面"三个视角展开对博物馆城市的策略构建。三个视角从整体到局部，相互补充，相互交织，共同形成博物馆城市的系统建构。

首先，在宏观的城市整体层面，将"旧城遗产意象"作为博物馆城市整体生成的目标意象，将历史旧城作为博物馆城市得以建构的核心因素与生长基点，依托于旧城风貌对城市整体的控制，从而形成具有文化遗产意象的城市整体风貌。

其次，在中观的城市空间层面，提出"博物馆区块"的具体概念。通过对过去历史和当代文化的梳理与整合，形成城市中特定的博物馆区块，从而确立博物馆城市基本的空间特征。

最后，在微观的空间展示层面，探讨城市局部空间作为展览场所的

173 陆锵鸣，张福兴.论系统开放与封闭的两重性[J].科学技术与辩证法,1997(2):24.

可能。将文化遗产看作是城市文化形成的"历史文本"，通过对历史文本的再阅读与空间转化，使得历史文本得以空间化、叙事化、展示化，从而形成历史文化遗产的当代"空间叙事"，以此找到城市空间中文化遗产的传播与展示方式。

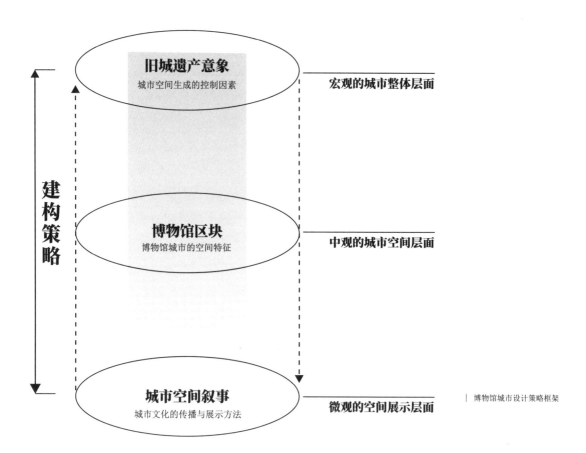

| 博物馆城市设计策略框架

一、"旧城遗产意象"作为博物馆城市的整体形象控制

"意象"一词，在《新华词典》中解释为："客观物象和主观情思融合一致而形成的艺术形象。"[174] 旧城遗产意象，即旧城整体所呈现的一种具有文化遗产意象的风貌特征。将"旧城"作为博物馆城市的整体形象控制，在于强调作为城市最大文化遗产单位的历史旧城在城市发展过程中所体现的核心作用。通过对旧城的保护与更新，使历史旧城成为博物馆城市整体空间得以建构的核心因素与生长基点，依托于旧城风貌对城市整体的控制，从而形成具有文化遗产意象的城市整体风貌。

（一）对旧城风貌的保护与发展

旧城是一座城市历史发展的见证，也是一座城市历史文化遗产得以发生与传播的场所容器。旧城并非破旧之城，而是在长时间的历史发展过程中，那些具有悠久历史资源、丰富文化传承、完整文脉生长的历史旧城。从城市文化的角度来看，一座历史之城所呈现的众多文化面貌，来源于旧城在长时间发展过程中形成的城市历史文化资源。城市中的旧城，构成了一座博物馆城市最重要的组成基础与历史内涵。

将旧城风貌进行整体保护，是建立旧城遗产意象的核心手段。旧城不仅是众多遗产建筑和城市空间组成的散质群体，更是一个以城市为单位的文化遗产整体。通过对旧城的整体保护，保留城市发展过程中所形成的城市形态、建筑风貌与人文景观，从而使旧城风貌成为一种当代城市语境下可感知的文化遗产类型。同时，城市风貌的保护需要从城市发展与更新的视角来重新审视，如吴良镛院士所言："旧城的保护与整治发展，依然要恪守'整体保护'之原则，否则新的发展将无所依据，失去准绳"。"旧城整体保护必须坚持将减负、疏解、转型、复兴、宜居作为前提，必须对问题作认真研究，现实棘手的问题要正确对待，千方百计谋求对策。"保护与发展，是城市风貌得以保存的必要条件。

174　商务印书馆辞书研究中心. 新华词典 [Z]. 北京：商务印书馆，2011.

第一，旧城风貌整体保护与发展需注意以下几个方面。

1.对城市历史城区的准确界定是旧城整体保护的前提，也是对旧城范围边界与文化属性的整体研究基础。通过对旧城的历史演进、自然环境、地域特色等方面进行深入分析，评估旧城整体与局部建筑的历史、艺术与人文价值，从整体的角度考虑旧城的现状问题与未来发展需求，以此提出具体的保护与发展策略。

2.建筑的保护与更新是旧城整体保护的基础，在旧城具体的空间更新中，需要从整体的城市形态、街道肌理、色彩、建筑体量等多方面进行综合考虑与规范，限制建筑改造层高、控制建筑色彩、确立道路扩宽限度等，保证旧城局部更新结果依然统一、协调于旧城整体的空间控制之下，保持旧城原有的整体历史风貌。

3.旧城的整体保护需要对旧城空间的实际状况作具体分析。针对旧城内的考古遗址、建筑古迹、自然环境等不同性质的遗产现状，提出相应的保护办法与修缮机制，形成不同门类、不同层次、不同手段的解决对策，建立立体的整体保护架构。

4.旧城的整体保护还包括旧城中生活习俗、传统节日等非物质形态的保护。旧城中的生活习俗和传统节日是城市无形的文化遗产，一方面可从政策角度加强相关节日习俗的举办与延续，另一方面可从城市景观、信息艺术设计的角度加强人们对节日习俗的回忆与认知。

5.旧城的整体保护需加强基础设施的维护与建设。基础设施是居民生活的必需条件，受困于历史等众多原因，旧城基础设施的滞后成为居民逃离旧城的主要原因之一，基础设施的合理发展与维护，是整体保护旧城生活形态、保持旧城活力的必要条件。在基础设施维护与建设过程中，需避免道路、管网、电路、热力等必要基础设施对城市历史空间与风貌的破坏，通过对空间的具体分析，引入新的技术手段与解决方式，形成整体保护的结果。

第二，旧城风貌的整体保护与更新体现在作为"平面"的城市形态与作为"立面"的城市天际线之中。[175]

1. 旧城城市形态的保护与更新

城市形态是从形态学的角度审视城市整体的形态属性与形态特征，进而构筑整个城市系统。城市形态表现在一座城市独有的平面布局或空间形式特征之中。"我们在描述一座城市时总是被其形态所吸引，形态是一种复杂的社会表现形式，总是通过某一具体的建筑形式表现出来。罗马、巴黎或者北京的城市形态均体现在它们的建筑之中"[176]。一座城市形态的生成受到历史文化、地域气候等多方面的影响，城市内的建筑密度、街道肌理、空间布局等众多因素都因形成因素的限制而具有不同的形式表征，最终形成差异性的城市形态结果。在城市发展过程之中，城市中的形态发展都将受到城市已有建成环境的制约，如城市中的文化古迹、废墟遗址、道路宽度、交通组织、建筑层高、居住特性、宗教习俗等。这些已建成因素既是城市发展的限制因素，同样是一座城市得以差异化、形成明晰城市特征的核心价值因素。因此，如何处理这种限制与价值之间的矛盾，正是当下旧城风貌保护的核心问题。

意大利卢卡城是完整保存旧城的典型案例。卢卡旧城始建于公元前2世纪，在12世纪卢卡成为独立城邦。14世纪，卢卡旧城形成了今天所见的城市形态。整个卢卡旧城由城墙围绕，形成"多边星形"的城市形态特征。其中城墙全长4195米，由12段30米厚的墙体以及11座城门和堡垒组成[177]。19世纪后，随着人口的增多，卢卡旧城的限定空间无法满足城市人的生活需求，其居住范围逐渐蔓延至城墙之外。1902年，意大利政府制定了卢卡旧城更新与新城的设计规划。在旧城的更新中，卢卡政府制定了卢卡城区建筑保护条例，并在保持原有旧城街道肌理与

175　此处借鉴张开济的观点。在2000年9月1日召开的"旧城改造与古都风貌保护研讨会"上，张开济针对北京为代表的历史旧城，提出古城的价值体现在"平面（形态）"与"立面（skyline）"之中。

176　Serge Salat. 城市与形态 [M]. 北京：中国建筑工业出版社，2012:32.

177　葛维成，杨国庆，叶扬. 意大利卢卡城墙的历史与保护 [J]. 中国文化遗产，2006(1):100.

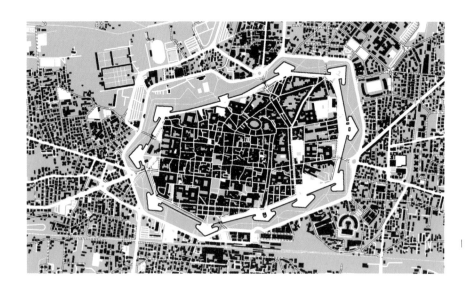

2020 年卢卡城市规划
旧城完整保存，新城围绕旧
城而建

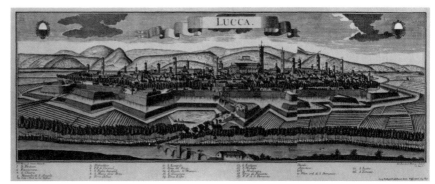

14 世纪的卢卡城 |

21 世纪的卢卡城 |

建筑风貌的前提下，加强对城内历史性建筑的保护与修缮。同时对城内的基础设施进行了分批次、分地段、有计划的更新，改善了旧城的生活基础，延续了旧城的可持续发展。作为旧城标志的城墙得到完整保存，城墙成为环绕古城的步行、骑行环道，城墙周围通过种植树木形成了完整的自然绿化区带，同时在紧靠新城的城墙下设置了近百米的保护缓冲区域，以保护旧城完整的历史面貌。城墙围绕之下的卢卡旧城完整地保存了至 16 世纪以来的城市风貌。以始建于 13 世纪的卢卡钟塔为代表，包含圭尼吉塔在内众多钟塔形成的城市整体天际线得到了完整保留。城市内众多的建筑遗产也得到了完好保存，包括始建于 11 世纪的卢卡主教教堂、始建于 14 世纪的库卡圣米歇尔教堂、形成于 16 世纪的竞技广场。在新城的规划中，新城以卢卡旧城为中心，以旧城的城市形态为基础，通过新城街道与旧城街道的衔接，使得新城呈现出围绕旧城的四周放射状布局，从而奠定了新城发展的基本格局。同时对建筑高度层级、建筑色彩等作了严格限制，使新城成为旧城风貌与文化的延续。

2. 旧城天际线作为城市整体天际线的主控点

天际线原指天空与地面相交接的线。天际线与人的视觉审美感受关系密切，绘画中常通过天际线来校准画面的透视比例以帮助确定构图。城市天际线则主要指城市建筑、构筑物及自然要素与天空交接的轮廓线[178]。

旧城作为城市整体天际线的主控点，要求的是旧城天际线的高度、

178 王建国 . 城市设计 [M]. 南京：东南大学出版社 , 2011:209.

形态在整个城市天际线中处于统领的位置，以旧城作为天际线的控制点，进而形成围绕旧城文化遗产而展开有序的天际线景观。通过将旧城天际线作为城市天际线设计过程中的参考对象与限制因素，形成以历史旧城与文化遗产为主要景观构成的城市历史文化氛围。旧城作为城市天际线生成的主控点，对旧城整体保护和城市空间生成有着重要的意义。如科斯托夫所言："任何文化和任何时代的城市都有各自高耸而突出的地标以颂扬其信仰、权利和特殊成就。"[179]旧城整体可看作是一座城市景观的概括缩影，将旧城作为城市天际线塑造的控制因素，能够使得旧城所具有的历史特征与精神内涵在城市空间中得到有效的展示，进而对城市景观塑造与文化传播起到积极的影响。一方面，旧城天际线体现了旧城中的遗址建筑与天空背景、自然要素之间的整体相互关系，将旧城作为城市天际线的有机组成，是对已存在于城市公共空间中的文化遗产的有效保护。保护旧城天际线，其实质是对旧城城市整体的有效保存。另一方面，作为一种概括之下的视觉整体，旧城天际线的形态轮廓成为人们对城市的直观印象，更成为一座城市重要的视觉文化符号，将旧城作为介入城市天际线生成的有力工具，是保存城市形象、延续城市文脉的重要策略。

旧城作为城市天际线的主控点，应遵循以下原则。

①美学原则：城市天际线整体应该是具有美感的。天际线应该呈现出具有大众审美可接受的起伏感、节奏感、秩序感与层次感。应考虑到文化遗产自身的美学特征与周边天际线的视觉关系，形成围绕文化遗产而展开的城市天际线特征。

②人工与自然相统一原则：自然环境要素是城市天际线的重要组成部分。城市天际线在生成的过程中应该考虑到植被、山体、海洋、河流等因素对于天际线的影响，将自然因素看作为构成城市差异性的重要因

179 科斯托夫. 城市的形成：历史进程中的城市模式和城市意义 [M]. 单皓，译. 北京：中国建筑工业出版社，2005:296. 转引自：王建国. 城市设计 [M]. 南京：东南大学出版社，2011:209.

素，形成人工与自然相协调的整体天际线景观效果。

③地标性原则：天际线是一个城市最为凸显的城市形象。在天际线的设计中，应有意地突出核心文化遗产在天际线整体中的作用。对于高耸、大体量的文物古迹、历史建筑、纪念碑或观光塔，可将其作为城市天际线的制高点和限定点。对于小体量的文物古迹与历史建筑，需要考虑其在城市天际线中的可识别性，突出文化遗产在城市空间与城市天际线中的位置与序列，形成以文化遗产为核心的城市景观节点。

④可持续性原则：在保持文化遗产对于天际线发挥总控作用的同时，应考虑到城市未来的天际线发展，预留可持续生长的接口。

⑤叙事性原则：城市天际线在形成的过程中受到历史、战争等众多客观因素影响，具有众多偶然性因素。天际线记录了一座城市的变迁与发展，成为一座城市最为集中的整体缩影。因此，天际线应体现城市所蕴含的历史、事件、故事与记忆，使其成为讲述城市故事的形象载体。

土耳其伊斯坦布尔天际线：圣索菲亚大教堂对旧城天际线的"控制"

意大利阿西西古城天际线：古城与自然山丘相结合

　　以雅典为例，作为希腊乃至人类最重要的建筑遗产之一，雅典卫城在雅典城市的发展过程中，一直充当着天际线控制者的角色。雅典城中最为重要的文化遗产是始建于公元前 800 年的雅典卫城。在雅典民主政治时期，雅典执政官伯里克利委托雅典雕塑家菲迪亚斯设计了整个雅典卫城。整个雅典卫城东西长 280 米，南北宽 130 米，由帕提农神庙、伊瑞克提翁神庙、雅典娜神庙与卫城山门组成。在卫城山下，分布着阿题库斯剧场、狄俄尼索斯剧场。整个雅典城分为住宅区、宗教政治区与公共活动区域，其中卫城作为宗教政治区域，既是城邦的空间核心，又控制着整个雅典城市的城市肌理生成。雅典城市发展期间虽经历了战争、自然灾害、城市扩张等，但卫城一直控制着整个城市天际线景观，城市街道的发展以卫城山为中心，形成了中心性的整体城市景观。在 1532 年威尼斯人与土耳其的战争中，包括帕提农神庙在内的众多建

筑被夷为废墟，虽神庙不再完整，但卫城的整体形态依然屹立于整个雅典城市天际线的中心位置。整个城市由卫城旧城与基于遗址而规划的新街区组成，作为文化遗产集中的历史旧城区，成为体量巨大的考古公园。在 1832 年雅典规划中，雅典将城市北部作为新城的发展方向，新城的街道设计以卫城之下的旧城为中心呈现放射状，通过巴洛克式相互交叉的街道设计，使得雅典重要的街道景观视角都留给了高处的卫城。在雅典城市主要的街道中，人们始终能将视线的尽头锁定在卫城之上，从而确保了雅典卫城在整个城市景观与天际线中处于最为重要的核心位置。[180]

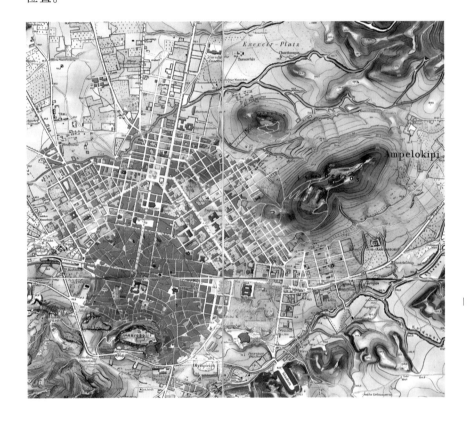

| 1870 年雅典城市规划图，可以看到由卫城为中心放射展开的新城街道。雅典卫城成为整个雅典城市发展的核心参考系，城市各处的视觉终点都汇聚于卫城，确保卫城在城市景观中的核心位置

180　19 世纪下半叶开始，雅典政府为了能完整地呈现卫城原有的面貌，进行了陆续的修复工程。1975 年，希腊政府发起了历史上最大规模的重建雅典卫城的工程，拟定于 2025 年竣工。

（二）旧城的发展可能——从"单中心发展"到"多中心共生"

随着城市自身的发展，众多城市旧城中局促的城市空间已无法满足城市快速发展与当代生活的需求，旧城选择"保护"还是"发展"，成为城市发展必须面对的现实问题。从城市发展的已有结果来看，在城市发展较为缓慢的古代，围绕旧城发展曾是城市发展的普遍模式，但自步入人口快速增长、城市快速发展的现代时期，传统单中心式发展观念已无法与现代都市的发展速度相匹配，现代的城市空间发展与传统历史旧城的矛盾日益加重，这种矛盾在人口规模较大的历史性城市中尤其凸显。包括东京、北京、莫斯科在内的众多历史性城市，在现代规划早期选择了围绕旧城为中心的发展模式，虽短期内解决了城市空间的使用紧张问题，但与之而来的历史建筑拆毁、交通拥堵、环境污染等问题导致旧城成为病态的历史城区。随着时间的推移，中心式的发展使城市走向了"摊大饼"与"画圈圈"式的恶性循环，旧城最珍贵的历史风貌也消失殆尽。众多城市的案例证明，简单地、狭隘地围绕旧城为中心发展，不仅带来了历史城市风貌的破坏，更造成了城市未来不可持续发展的窘境。

在保护旧城、发展新城的整体理念之下，要求城市的发展需从传统的围绕旧城的单中心发展模式，走向以旧城为历史文脉基础、多城市功能区块共生发展的多中心模式。在保护城市历史风貌的前提下，将旧城看作是一个文化遗产整体进行保护与更新，并脱离于旧城之外发展新的城市功能空间，避免对旧城进行大拆大建式的盲目改造，从而将城市从旧城的单一中心式的聚焦发展，走向旧城保存前提之下的多中心协同共生。最终形成以旧城风貌为核心、满足现代城市生活需要的整体发展格局。

旧城作为人类最为重要的文明见证，在城市发展过程中发挥着重要作用。新城的发展离不开旧城在历史、经济、交通等多方面的催化。罗西在论述城市规划与城市历史时谈道："规划尽管具有革命性的特征，但它还是首先同城市中所有那些已有且应继续存在的先人作品结合起来，并赋予它们以价值。"[181] 建设新城并非完全脱离旧城，而需要将旧城整体与其包含的历史建筑、遗址等文化遗产作为城市空间形态进一步生长的"诱发生长点"，通过对旧城形态与风貌的整体保护，以此作为新城城市规划与空间设计的重要参考依据，进而影响新城城市的规划布局、路网肌理、建筑风格等众多城市设计要素。旧城中的历史建筑、景观、遗址群落是新城城市空间得以继续构成的最为重要的生长基点，同时也是新城在规划、设计、建设过程中最为关键的历史参照。旧城的历史形态事实为新城提供了可发展的形态基础，旧城道路的延伸与扩展则建立了新城的道路肌理。同时旧城的整体城市风貌则为新城的城市设计提出了限定条件。旧城中众多文化遗产之间所产生的整体历史语境，使得基于旧城保护所生成的新城呈现出丰富、多元的整体历史意象。

"保护旧城，发展新城"对历史城市的发展有着积极的意义。一方

181　阿尔多·罗西.城市建筑学[M].黄士钧,译.北京:中国建筑工业出版社,2006:125.

面，保护之下的旧城城市肌理、建筑风貌与生活方式可保持原有的发展节奏，从而避免改造之下的城市破坏。而新城的建设因不牵涉到旧城的空间限制，则可以更加灵活与多元。在扩展城市空间的基础上，又能保持旧城原有的历史风貌。另一方面，围绕旧城展开多中心的发展模式，是满足日益增长的城市空间需求、促进城市功能良性发展的必要手段。以旧城为基础展开多中心式的城市布局，可促进旧城功能的有机疏散，使得城市在大型文化基础设施、交通设施等众多方面取得更新基础。同时，围绕旧城展开多中心建设，有效利用旧城的文化资源优势，催生更具特色、更加多元的文化与经济增长极，形成更加多元的城市特色。

　　以罗马为例，罗马城市形态的演进与旧城有着不可分割的密切关系。在古罗马帝国时期、文艺复兴时期、1883年罗马城市规划和当代罗马城市规划四个阶段中可以看到，罗马城市的发展是围绕着旧城遗产的保护与新城的持续建设而逐步展开的。古罗马帝国时期，奥古斯都在罗马城内修建了包含古罗马城墙、万神殿、斗兽场等在内的众多宏伟建筑。随着公元5世纪后罗马帝国的衰落和哥特人（410年）、汪达尔人（455年）与勃艮第人（472年）的入侵和洗劫，在罗马帝国时期修建的大量的公共建筑与纪念物遭到破坏，罗马城市逐渐成为众多历史废墟构成的破旧城市。1402年，罗马教皇重回罗马，并对罗马制定了一系列复兴政策，其中最为重要的策略就是对罗马城市的修复与扩建。文艺复兴时期的罗马城市，在原帝国时期帕拉丁遗址的北部地区规划了新城市区域。在设计过程中，古罗马的建筑遗址与废墟成为新城市设计的起始点，包括将废墟遗址作为城市考古公园、历史建筑作为道路景观的端点、方尖碑作为道路系统的控制点等，古罗马时期的文化遗产在得以保留的同时，又成为罗马城市得以继续发展的设计基点。同样，400年后，文艺复兴时期的城市与建筑同样成为19世纪罗马的城市文化遗产。在此基础之

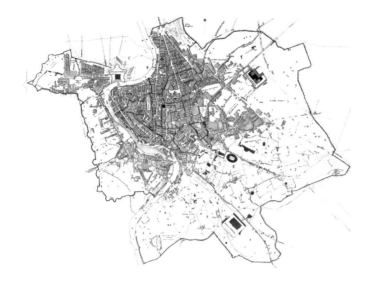

文艺复兴时期的罗马，原帝国时期残留的建筑遗迹（黑色块所示）与城墙成为城市发展的控制因素

19世纪的罗马，罗马新城规划在文艺复兴城区基础上得到扩展，但城市整体仍在城墙以内

上，罗马文艺复兴时期的城市格局催生了 1883 年的罗马城市规划，包括梵蒂冈北部、斗兽场东北部的广泛城市区域成为新的城市扩展区域。虽然城市空间得到了近一倍的扩张，但整体罗马城市仍像 1500 年前一样被城墙所包围，城墙成为罗马城市的概括缩影与形态限制条件。进入 20 世纪后，罗马城市的发展进入了大规模的城市拆除与重建时期。在 1937 年墨索里尼的规划与二战后罗马城市的飞速发展中，罗马的城市发展不再局限于古老的城墙之内，而是在保留旧的历史城区前提之下向四周扩展了新的城市街区。在罗马旧城南部，罗马政府建设了新的罗马新城——EUR（Esposizione Universale di Roma）。新城于 20 世纪 60 年代建成，成为罗马新的中央商务区。不同于北京、巴黎等城市迫于客观因素而对城墙等历史遗产的拆毁，新城的建设使得罗马的历史旧城得到了最大程度的保存，古城墙得到了完整的保留，众多历史遗迹依旧保持原状存留于城市之中。新城围绕旧城发展，使得历史旧城在保持生活活力的同时，又延续着罗马文化枢纽的作用。

　　法国拉德芳斯新区（La Défense）是在保护旧城基础上建设新城的另一成功案例。20 世纪 50 年代，为了满足城市的发展、保持巴黎城市

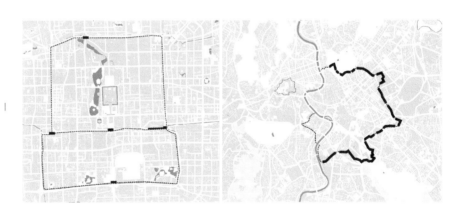

虚线为原城墙位置，粗线为现有保留城墙。北京（左）旧城墙基本都被拆除，仅有五处残留。罗马（右）在城市发展的过程中保留了大部分原城墙，保护了原旧城的风貌与特色

风貌，戴高乐总统倡议在巴黎旧城之外建设城市新区（新城）。1982年，巴黎政府在巴黎西北方向规划了巴黎的新区，并选中了丹麦建筑师奥拓·冯·施普雷可尔森的设计方案。拉德芳斯的方案距离巴黎旧城区

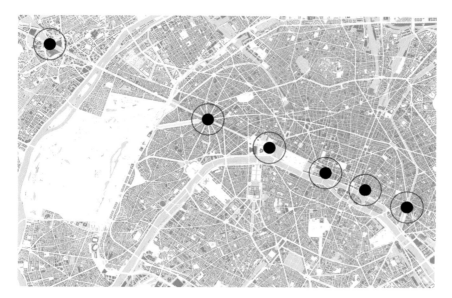

巴黎中轴线的延展：在旧城风貌保护基础上，在巴黎西北部建设了拉德芳斯新区，在保护旧城风貌的前提下扩展城市新的城市空间。从左上至右下：拉德芳斯新凯旋门、凯旋门、协和广场、卢浮宫、市政厅、巴士底广场

从埃菲尔铁塔看拉德芳斯新区。巴黎旧城风貌与拉德芳斯新城景观形成了和谐的并置关系

仅 2 千米，占地 85 万平方米，成为巴黎旧城新的城市功能的延伸。为了加强两个城区的衔接，在新城与旧城之间建设了交通快线，经过人车分流的设计，使得两个城区的交通时间控制在十五分钟范围内，同时将巴黎旧城区内的众多机构搬迁至新区，形成了拉德芳斯新区与巴黎旧城之间文化与经济的有机衔接，保证了新城的文化与经济活力。新区在巴黎文化主轴：卢浮宫——凯旋门——香榭丽舍大街的延伸线末端建设了新的凯旋门，构成了新区与旧城之间的文脉延续。截止到 2017 年，拉德芳斯新区已成为法国的经济中心，汇集了巴黎市内超过 70% 的跨国公司、2200 家上市公司。除此之外，新区内会展、宾馆、餐饮、居住、文化服务设施一应俱全，成为各种功能多元一体的综合新城。

二、"博物馆区块"作为博物馆城市的空间特征

在城市空间中，城市所具有的博物馆性有着多层级的表达途径。一方面，博物馆作为城市文化重要的组成部分，馆舍通过单体机构式的运作，构建了一座城市最为重要的文化设施，继而成为地区与国家的文化核心中枢。另一方面，对于城市文化的整体而言，城市的博物馆性又绝不仅存在于传统意义上的单个馆舍建筑之中，城市中那些自身所具有的历史性、遗产性的城市空间，同样是被忽视的、可被建构的博物馆类型。纵观当代博物馆的发展趋势，在观念革新与技术手段的共同推动之下，当代博物馆研究不断在空间类型、运行机制、展示手段、综合价值、展览策划等众多方面进行探索。当代博物馆与城市之间不断融合，博物馆逐渐打开馆舍的壁垒，走向城市的日常生活，城市不仅是生活的场所，更成为具有博物馆属性与特征的文化场所。

基于博物馆属性与城市空间的共建可能，本节以"博物馆区块"为具体概念，以此作为博物馆属性与城市空间得以进一步共建的具体工具。

（一）博物馆区块的概念

将博物馆区块作为博物馆城市的空间特征，是将博物馆城市的空间特征予以具体化。传统博物馆的馆舍对象虽聚焦于人类文明的见证物，但受博物馆馆舍空间与场所限制，博物馆更多地将"博物视角"局限在纳入馆舍之中相对小体量、人类文明的局部见证物上，而主动忽视了城市中其他具有历史价值的建筑与场所。虽然在殖民与战争行为下，德国佩加蒙博物馆（Pergamon Museum）能将宙斯祭坛、伊什塔尔城门和行进大街等大体量文化遗产生硬地置于博物馆建筑之中，形成了以博物馆为名义的合理占有，但其带来的代价则是原文物脱离其真实语境，进而造成了原文物场所的历史空心化，使得原城市或地区的城市文脉持续缺失。作者认为，在当下的文化语境与认知之下，现有的博物馆概念早已无法与当代城市发展相适应。若将文字与城市看作是人类文明的见证标志，那么作为最大见证物的城市才是博物馆予以展开探讨的核心场所。因此，以保存、传播人类文明为责任的博物馆场所便不可能仅存在于建筑之中，博物馆功能辐射的场所与界限也不应受过往历史的认知而局限。

博物馆区块是从城市角度对传统博物馆概念的扩展。博物馆区块可理解为城市中具有博物馆属性与功能的城市片区，它不再将博物馆的概念狭义地局限于馆舍之中，而是通过对城市中具有博物馆属性或博物馆潜力的城市空间的发掘，构建以城市片区为构成特征的博物馆属性空间，进而形成以博物馆属性为核心的泛博物馆空间区域。需要强调的是，博物馆区块并非对传统博物馆机构存在的否定，借助于传统博物馆机构的运行机制，博物馆区块可依托于传统博物馆机构，向城市空间外延而形成泛博物馆化空间。博物馆区块是在传统博物馆机构之上所做的概念外延，是对传统博物馆边界扩展的有益尝试。

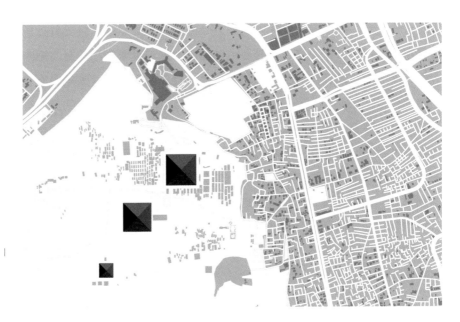

埃及吉萨金字塔群作为吉 | 萨城市的博物馆区块。从鸟瞰视角可以看出埃及吉萨金字塔（左）与旧城区（右）的并置关系

（二）博物馆区块的构成可能

1. 文物古迹片区形成博物馆区块

城市中的文物古迹是城市中最为重要的历史遗产。文物古迹因其自身的历史性与空间性，是城市文明发展的遗存物与见证物，更是城市博物馆属性的有力例证。文物古迹在城市空间中既有着单点式的分布，又因其自身历史面貌呈现出古迹集群式的呈现方式。尤其是城市中大体量、大面积的文物古迹群落，其展现出的历史风貌与文物价值，构成了一座城市具有历史生命的博物馆场所。而这种古迹在城市中的真实感、场域感、历史感，则不是馆舍内的空间可以给予的。将城市中的文物古迹片区设置为博物馆区块，需要在其原有的古迹基础上形成对文物古迹空间的可参观性和对其内容的可阅读性，进而进一步发掘其文化叙事与内涵，形成具有博物馆属性的片区构成。

以埃及吉萨的金字塔片区为例，吉萨金字塔是金字塔群体的总称，位于尼罗河左岸的吉萨区，与开罗市区隔河相望。埃及作为世界历史上最悠久的文明古国之一，金字塔是整个古埃及文明的象征，也是人类文明的重要遗产。在整个尼罗河的下游，现存着十八座大小不一的金字塔遗迹，其中在吉萨区内保存着三座最大、现存最完整的金字塔，分别是从公元前2600年至公元前2500年所建的"胡夫金字塔（Khufu）""海夫拉金字塔（Khafra）"和"孟卡拉金字塔（Menkaura）"。吉萨金字塔群作为埃及最为重要的文化遗产，可看作是屹立在吉萨城区内的露天博物馆，观众可以进入金字塔内部，通过对内部空间的游览来了解金字塔的内部结构及法老的历史故事。因历史原因，如今金字塔内的文物不再保存于金字塔的墓穴之内，而是分布于埃及与欧洲的各大历史博物馆之中，但作为古埃及文明重要的文化符号之一，金字塔遗迹自身的历史与建筑价值，仍然是埃及的重要文化瑰宝。现存的金字塔片区紧邻吉萨旧城与开罗城区，虽然在20世纪后半叶吉萨的城区不断扩张，但城市区域依旧牢牢地遵循着金字塔区块的保护红线，面积巨大的金字塔片区与当代的城市区域形成明显的并置关系。在吉萨旧城内，通过对建筑高度的有效控制，高达136米的胡夫金字塔构成了整个城市景观的聚焦点。金字塔历史片区不是远离城市独立的风景景观，而是城市文化的系统组成部分。吉萨依托金字塔片区发展，形成了"金字塔—吉萨—开罗"特殊的城市文脉传承，成为当代大开罗区发展的历史根基，更成为埃及最重要的文化基石。

2. 工业遗址的当代利用

城市发展是动态的，随着城市自身的发展与产业更替，城市中众多的工业空间逐渐呈现出衰落与废墟状态。工业区作为城市发展的有机组成部分，衰落的工业片区虽不再具有原有的功能属性与实际使用价值，但其所隐含的功能风貌与空间特征却有着特殊的博物馆属性与再利用价值。在工业遗址的再利用过程中，通过博物馆性对工业性的合理置换，可以将原功能性的工业遗址转变为具有艺术性的城市博物馆区块，形成对城市失落空间的发掘与再利用。联合国教科文组织将工业遗产的范围界定为"包括建筑物和机械、车间、作坊、工厂、矿场、提炼和加工厂、仓库、能源生产转化利用地、运输和所有它的基础设施以及与工业有关的社会活动场所"[182]。

以英国泰特现代美术馆（Tate Moderm）为例，泰特现代美术馆位于伦敦泰晤士河南岸，与伦敦圣保罗大教堂隔河相望。其原身是服役于20世纪50至80年代、用作伦敦大都会地区（Metropolitan Area）主要电力供应的河畔电站（Bankside Power Station）[183]。1994年4月，泰特集团决定重新利用已于1981年关闭的河畔电站，将其作为新的泰特现代美术馆。场馆改造由赫尔佐格和德梅隆建筑事务所（Herzog & De Meuron）设计，在保持工业建筑原有形象的前提下，将原有厂房重新改造为可供参观的展览空间，最终形成了包括"烟囱""涡轮大厅""光之梁""锅炉房"与"储油罐"在内的展示区域，改造之后的泰特现代美术馆成为现当代艺术的聚集地。通过一系列高水平展览的举办，泰特也成为继美国MOMA现代艺术博物馆之后现当代艺术新的坐标点。除了现当代艺术展览之外，改造之后的泰特现代美术馆在多方面发挥着重要功能，例如社区教育、儿童美育等。

除了泰特现代美术馆之外，工业遗产改造的成功案例还有北京798艺术区、广州红砖厂艺术区、英国比米什露天博物馆（Beamish Open Air Museum）、丹麦阿马格发电厂（Amager Resource Center）改造等。

3. 博物馆机构的区域聚集

作为城市文化重要的核心，博物馆机构是城市博物馆属性得以体

---

182 国际工业遗产保护委员会 (TICCIH). 工业遗产的下塔吉尔宪章 [EB/OL]. (2003-06)[2020-01-02]. http://ih.landscape.cn/tagil.htm.
183 丁文越，朱婷文. 伦敦工业遗产再生——以泰特现代美术馆及其周边地段为例 [J]. 北京规划建设，2019(3):130.

现的重要部分。美术馆、博物馆、科技馆等众多类型的博物馆机构构成了城市文化生活不可缺少的一部分。城市区域中一定数量博物馆机构的聚集，可以使得城市中特定区域的博物馆属性得到加强，形成博物馆功能集中的城市片区空间。在城市空间中，不同内容与类型的博物馆相互补充，从而使得城市历史与当代文化呈现出丰富多样的展示面貌。

德国柏林的博物馆岛（Museum Island）是博物馆机构区域聚集的典型案例。博物馆岛位于柏林市中心，是柏林施普雷河岛北部区域的统称，中部是前德意志皇帝皇宫，南部是前东德国会所在地。之所以叫博物馆岛，是因为在施普雷河岛北部集中了柏林五座最为重要的博物馆机构：柏林旧博物馆（Altes）、柏林新博物馆（Neues Museum）、德国旧国家画廊（Altes Nationalgalerie）、佩加蒙博物馆（Pergamon Museum）、博德博物馆（Bode Museum）。[184] 五座博物馆因岛屿统一为整体，但各自有着独立的建筑风格，馆藏与展示内容也不尽相同，展品主要来自普鲁士王国的王室收藏，内容包含古巴比伦、古埃及、古希腊和波斯等地的重要文物。博物馆岛对于柏林城市文化有着重要的意义，一方面，博物馆岛内众多文物与艺术瑰宝的聚集，使得博物馆岛成为德国乃至世界最为重要的艺术圣殿之一，众多游客慕名而来，博物馆岛成为城市中最具活力的文化场所。另一方面，作为柏林市内博物馆最为集中的城市区域，博物馆岛形成的高浓度的博物馆氛围使得施普雷河岛成为柏林城市中最为重要的文化区域。从整个城市的视角来看，博物馆岛在博物馆机构聚集的基础之上，已经成为一种更大层级的博物馆整体。例如在博物馆岛所制定的新的总体规划中，博物馆岛把除旧国家画廊之外的博物馆空间进行串联，通过"考古长廊"的设计，使各博物馆地下空间串联于固定的参观路径之中，同时新建了詹姆斯·西蒙美术馆作为

184　博物馆岛的建设起源于普鲁士国王腓特烈·威廉三世在 1801 年为展览王室收藏而实施的兴建博物馆群计划，五座博物馆则陆续于 1824 年至 1930 年之间建成。

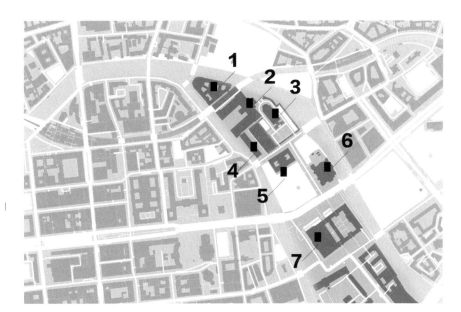

柏林博物馆岛 |
1 博德博物馆
2 佩加蒙博物馆
3 德国旧国家画廊
4 柏林新博物馆
5 柏林旧博物馆
6 柏林大教堂
7 洪堡论坛

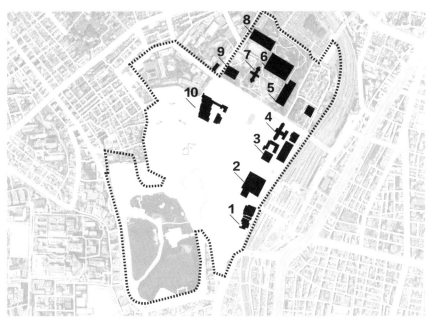

日本东京上野公园博物馆群 |
1 森美术馆
2 东京文化会馆
3 东京国立西洋美术馆
4 东京国立科学博物馆
5 东京国立博物馆东洋馆
6 东京国立博物馆
7 东京国立博物馆表庆馆
8 东京国立博物馆平成馆
9 东京国立博物馆法隆寺馆
10 东京美术馆

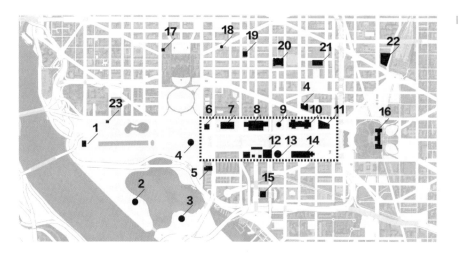

整个博物馆岛的主入口，从而使岛上五座博物馆中的四座形成闭环的线性参观方式。

以美国华盛顿史密森博物馆群（Smithsonian Institution）为例。史密森国家博物馆群是全球最大的博物馆集合体，旗下有19座博物馆机构，类型涉及博物馆、美术馆、植物园等。同时史密森博物馆群是全世界自然科学与人文科学最为先进的研究中心之一。华盛顿史密森博物馆群处于华盛顿纪念碑与美国国会大厦之间的国家广场。其组成部分包括国立非美国裔历史博物馆、美国国家历史博物馆、国家自然博物馆、国家美术馆雕塑公园、国家美术馆、国家美术馆东馆、国立非洲艺术博物馆、赫希霍恩博物馆、国家航空航天博物馆等。博物馆分布于国家广场中轴线的两侧，形成大规模的博物馆集合。史密森博物馆群涉及艺术、历史、科技、自然等众多内容，成为华盛顿城市最为重要的文化中心。在史密森博物馆群的周围，同样设置着众多题材的博物馆机构，如国家肖像画廊、国家邮政博物馆、罗斯福纪念公园、杰弗逊纪念堂、国际间谍博物馆等。众多博物馆机构的聚集，使得华盛顿中心区域呈现出明显的博物馆区块特征。

博物馆机构聚集的案例还包括日本东京上野公园博物馆群、德国法兰克福博物馆群、奥地利维也纳博物馆群等。

4. 整合城市历史资源，塑造城市博物馆网络

在现代城市中，历史遗址和博物馆是连接过去与现在的重要桥梁。然而，许多城市的历史遗址和博物馆往往分散在城市的各个角落，缺乏有效的连接与整体性的展示。这种分散的状态不仅限制了公众对城市历史的全面理解，也削弱了历史资源的教育和旅游价值。因此，将散落在城市各处的遗址与博物馆进行梳理，对散落在城市中具有内在关联性的场所进行整合，可以形成更有参观逻辑、具有全域属性的"城市博物馆网络"。

巴塞罗那历史博物馆（MUHBA）提供了一个成功的例子，展示了如何通过整合和协调，形成一个全面的城市博物馆网络。巴塞罗那历史博物馆不是多个独立博物馆的组合，而是一组相互联系和概念互补的空间。这些空间共同形成对城市历史的凝聚与叙述。巴塞罗那历史博物馆由1个主馆和54个分馆组成，分布于城市的19个区域中。主馆位于卡特鲁纳广场，以地下遗址展示罗马时代的城市生活。城市各处的多个分馆，如帕德利亚斯之家、中世纪的犹太区、西班牙内战防空洞、高迪设计的古埃尔公园等，这些分馆具有自己特定的历史背景，涵盖了巴塞罗那的不同历史时期和文化主题。分布在城市中的55个馆之间由顺序编号进行串联，强化各个场馆之间的逻辑关系，通过城市空间编织出一个多元而又整体的历史叙述。巴塞罗那历史博物馆通过将整个城市中的历史场所进行整合，形成以城市空间为载体、城市街道为路径、遗址与博物馆为展区的"城市博物馆"。

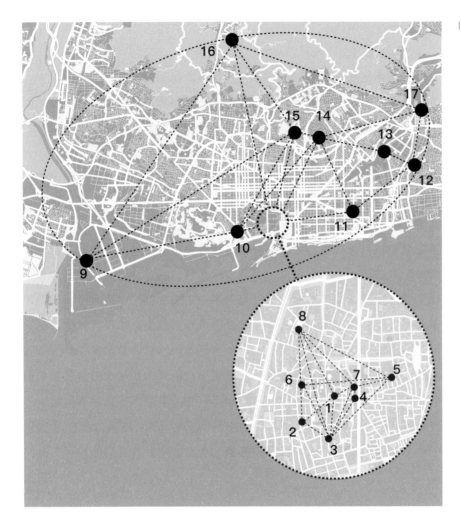

三、"城市空间叙事"作为城市文化的传播与展示方法

　　城市空间叙事,意在通过叙事理论对城市空间的介入,将城市空间转变为一个可阐释历史、讲述故事的叙事体系。城市空间叙事是将城市看作一种可参观的阅读对象,受众通过城市空间中具体叙事内容的传播

与展示，形成对城市文化故事性的阅读与解读，从而构建起受众对于城市文化的内容识别与身份认同。

（一）叙事理论与城市空间的关联

叙事理论，是关注于某一叙事文本如何使事件、背景、人物和视角相连通的理论[185]。作为叙事理论的核心研究对象，叙事文本构成了叙事得以发生、记录并传播的载体。从城市文化的角度来看，同为城市文化的传播载体，"叙事文本"与"城市空间"两者有着相似的属性构成。

一方面，"叙事文本"与"城市空间"都体现了"受众"对"文本"的阅读关系。"叙述者""叙事对象""接受者"三者构成阅读者与被阅读对象两者之间的闭环结构，且这三者同时存在于"叙事文本"与"城市空间"之中。文化化身的叙事文本是叙述者与接受者进行传达叙事的载体，文本所承载的内容成为具体叙事对象，继而成为接受者所接受的内容。而在城市空间的语境下，城市空间中的受众可看作为接受者，承载具体内容的城市空间为叙述者，城市空间蕴含的城市文化与遗产成为叙事对象，如詹姆斯·邓肯（James Duncan）指出："宽泛地讲，文化文本它是一种空间，各种符号在其中交织在一起，创造了一个不可拆分的意义集合体。作为一种意指实践（Signifying Practice），它消除了写作与阅读、生产与消费之间的差别。文本并不会像一部著作占据图书馆的书架那样占据空间，但是，它却是生产行为和意指行为发生的场

城市空间叙事结构 |

185　戴安娜·卡尔. 电脑游戏：文本、叙事与游戏 [M]. 丛治辰, 译. 北京：北京大学出版社, 2015.

所。"[186]

另一方面，"叙事文本"与"城市空间"都体现了"内容内涵"与"传播方式"之间的共建关系。对于叙事文本来说，"故事"与"话语"是一个叙事得以成立的必要条件。其中故事指的是动作、发生的事件等，即讲什么；话语则是内容得以传播的方法，即怎么讲。两者缺一不可，共同组成叙事文本内容。对于城市空间来说，"记忆"与"空间"是一座城市文化得以辨识的基本条件，记忆包含的事件、故事形成了一座城市独有的文化内涵，而城市空间作为文化的容器，则是城市文化传播的具体载体，城市记忆通过城市空间得以体现，两者共同组成城市文化的内容。从城市空间来理解叙事文本，记忆构成故事，空间构成话语。

因此，城市空间叙事，可以理解为在城市空间中通过展示城市的文化内容，进而讲述城市故事。作为文本的城市空间，其叙事内容包含了城市历史发展中的城市记忆、生活场景、文物古迹、城市艺术等众多面向，而城市空间中众多叙事内容的层叠，已然使城市成为一部不断被人翻阅并持续书写的文化巨著。将城市中这些叙事内容进行有效梳理，形成可参观的叙事场所，即这部文化巨著的具体阅读方法。

城市空间叙事			
发掘城市的叙事文本	**建立城市叙事节点**	**形成城市叙事街区**	**策展走向城市**
可发掘的叙事文本包含： 1. 城市的特征属性 2. 城市发生的事件 3. 城市的民风风俗 4. 城市中的人物传记 5. 文学与电影中的叙事内容 6. 城市中的创意文化产业	可建立的叙事节点包含： 1. 整体叙事节点 2. 事件叙事节点 3. 人物叙事节点	可建立的叙事街区包含： 1. 街区的叙事主题 2. 街区的整体历史情境 3. 街区的遗址节点再现 4. 艺术转译街区记忆 5. 街区的博物馆节点叙事	可建立的策展类型包含： 1. 城市问题策展 2. 城市事件策展 3. 城市艺术策展 4. 城市节日策展

| 城市空间叙事的方法框架

186 DUNCAN J, DUNCAN N. Discourse, Text and Metaphor in the Representation of Landscape[M]. London and New York: Routledge, 1992.

（二）城市空间叙事的方法

城市中众多的叙事内容需通过具体的媒介进行传播，不同于传统的以文本为媒介的叙事，城市空间叙事强调将城市空间作为叙事内容的传播媒介，通过空间来讲述城市故事，呈现与叙事相关的空间情境。城市空间叙事不是凭空创造出新的城市叙事内容，而是基于城市已有叙事文本之上，通过对城市可叙事空间的强调与发掘，在城市生活中形成特有的可参观点或可感知点，进而形成人对城市文化的具体阅读体验与感受。

1. 发掘城市的叙事文本

城市的叙事文本是城市空间叙事的内容基础，通过对城市已有叙事文本的转换，形成城市文化的有效传播，同时对隐藏的、具有转化潜力的叙事文本进行有效发掘，形成城市文化传播的有效补充。城市中可叙事的内容有以下几个方面：

①城市的特征属性：每座城市的特征属性都是唯一的，受地理环境、历史发展等因素影响，每座城市都有着独有的城市内涵。无论是人为因素的有意规划，还是自然环境下城市自组织式的生长，一座城市独有的人文规划理念、特定的城市空间布局与建筑形制，都成为一座城市可被描述的特征属性。城市的特征属性是对一座城市整体描述的开始，通过对城市特征属性的梳理与阐释，可以建立起城市人对城市历史、地域特色的宏观理解，并以此形成城市的特色差异认知。城市的特征属性包含：城市区位特点、行政级别、形制特征、环境因素等宏观层面对城市的描述与介绍。

②城市发生的事件：是城市记忆的重要组成内容。城市中已有的事件经过文本的记录与民间传播，成为一座城市的共同记忆。事件自身具有可被叙事的要素特征，事件的"起因""过程""人物""结果""影

响"等内容节点，构成了事件得以传播的要素与可发掘的叙事内容。通过事件来剖析城市的历史进程，可以形成事件组成的城市记忆簇群，形成对城市文化的节点性认知。

③城市的民风民俗：是特定文化区域内人们所遵守的行为模式。不同地域、文化环境下的城市生活有着极其不同的风俗面貌。当代城市生活空间的雷同，在一定程度上抹杀了原有城市中鲜活的风俗记忆，通过回溯城市中原有的民风民俗，并进行相应的展示，可以有效找到城市自身的文化特色。按照类型来划分，民风民俗的内容包含：巫术民俗；信仰民俗；服饰、饮食、居住之民俗；建筑民俗；制度民俗；生产民俗；岁时节令民俗；生仪礼民俗；商业贸易民俗；游艺民俗。[187]

④城市中的人物传记：人是城市文化的构建者，一座城市的文化是由城市中的人所构建的，城市历史发展过程中具有代表性的人物，往往影响了一座城市得以形成的基础，在日后影响城市文化发展的同时更成为城市得以被人认知的形象名片。将城市历史中具有代表性的人物和相关内容进一步发掘并进行有效展示，是传播城市形象的有效手段。世界上因人物而被人熟知的城市众多，如：曲阜——孔子；雅典——柏拉图；波兰托伦——哥白尼；柯尼斯堡——康德；牛津——牛顿等。

⑤文学与电影中的叙事内容：城市不仅是真实的生活空间，更存在于众多的虚构文学、电影等艺术作品中。城市在文学与电影中成为叙事得以展开的必要元素，形成了作者对文学或艺术作品的潜在印象。通过对相关作品的梳理，在真实的城市空间中展示并强调文学或电影作品中具有代表性的叙事内容，形成真实空间与虚构叙事的时空呼应，在扩展城市空间自身叙事取材广度的同时，赋予城市形象新的吸引点。

⑥城市中的创意文化产业：是城市中以创造力为核心的新兴产业。英国将创意产业界定为："它来源于个人的创意、技艺与才能，通过知

187　张紫晨．中国民俗与民俗学 [M]．浙江：浙江人民出版社，1985:119-177.

识产权的形成与开发，具有创造财富与就业机会的潜力。创意产业的基础是具有创意产业艺术才能的个人，他们连同管理人员和技术人员，创造出可出售的产品，这些产品的经济价值在于其文化属性"。[188] 其产业范围包括广告、建筑设计、手工艺术、电影与数码影像产业、文化教育、表演与娱乐艺术、写作与出版等。

2. 建立城市叙事节点

叙事节点可看作是城市空间中具备叙事属性的单个空间场所。基于对城市叙事文本的发掘，以空间为媒介来讲述具体城市内容，形成城市人阅读城市的关键节点场所。城市中的公共空间、街道、历史建筑、博物馆等具有叙事内容的空间场所皆可以转化为城市的叙事节点。

城市的叙事节点包含以下内容：

①整体叙事节点：对于城市文化的了解，始于对城市整体属性特征的宏观认知。整体叙事节点是城市空间中可对城市整体属性进行阐释的空间节点，受众通过对整体叙事节点的参观，可以快速建立起对城市历史、城市形态和城市文化的整体认知。城市整体叙事节点一般选择城市中视野广阔、可对城市关键节点进行观看的高度空间，如山顶、城市中的制高点，或对城市形成、发展发挥核心作用的城市节点。

整体叙事节点：德国议会大厦穹顶中设计成360°可循环上升的参观坡道，引导观众对柏林城市的鸟瞰

188　克劳斯·昆兹曼. 创意城市实践：欧洲和亚洲的视角 [M]. 唐燕，译. 北京：清华大学出版社，2013:3.

例如，在德国议会大厦的改建项目中，德国政府将议会大厦顶部设置为可参观的叙事空间。建筑师诺尔曼·福斯特在顶部穹顶设置了环绕而上的环形步道，参观者通过佩戴语音导览器沿步道而上，形成对整个柏林的俯瞰。观众在沿步道而上的过程中，语音导览根据观众所在步道位置来讲述相对应的城市关键场景与故事，使参观者对柏林的城市概况、历史发展与核心建筑有全面的了解。除此之外，从佛罗伦萨的圣母百花大教堂顶部观看城市、以法国巴黎的埃菲尔铁塔的三段式高度观看巴黎、在巴西里约热内卢的耶稣山俯览城市整体等，都是在城市制高点对城市进行宏观阅读，进而构建了城市整体叙事节点的典型案例。

②事件叙事节点：在城市整体的叙事之下，事件叙事节点是从局部空间入手，展示城市中重要记忆与事件的空间场所。事件叙事空间聚焦于城市中具有故事性、事件性的建筑、室内空间或城市公共空间，通过对这些具有故事性、事件性的城市空间的内容发掘、梳理与设计，反映出过去发生的重要事件在城市中的存在关系，进而强调事件对城市与人的影响与意义。城市中的事件发生地、建筑、公共空间等具有事件叙事内容的场所皆可作为城市的事件叙事节点。例如，在9·11恐怖袭击事件之后，美国政府在原世贸中心遗址之上修建了"9·11国家纪念博

左：原双子塔遗址改造的水池装置
右：9·11国家纪念博物馆内部展陈

物馆"。建筑师迈克尔·阿拉德和彼得·沃克共同设计了象征生命永恒的"倒映虚空"方案，将原双子塔损毁后的两个建筑遗产大坑重新设计成两个方形水池，水池四周沿壁雕刻逝难者的姓名，人工瀑布则从四周沿壁流向水池中心，象征着逝难者生命的希望与重生。原双子塔建筑的地下空间改建为9·11国家纪念博物馆，通过展览向世界讲述9·11事件的始末。除了建筑的残留部件、遇难者个人物件的展示，展览在加强原有灾难事件的集体记忆的同时，更加注重个体对于事件的回忆、认知与教育，着重强调了在灾难事件发生时对人性的探讨，成为当代纽约最为重要的国家教育场所。虽然9·11事件早已过去，但由事件转化而来的国家纪念博物馆成为事件经历者寄托感情的重要场所，更成为当代与未来纽约城市文化中最为重要的组成部分。其他典型的事件叙事节点案例还有以色列哭墙、侵华日军南京大屠杀遇难同胞纪念馆、反思越南战争的美国华盛顿越战纪念碑等。

③人物叙事节点：人物的叙事与城市空间密不可分。人物叙事节点聚焦在城市历史发展过程中有重要意义与影响的人物，通过在城市空间中对重要人物事迹、生活场景、生平故事的空间讲述，建立城市中讲述人物事迹的相关空间节点，形成围绕人物故事而产生的空间叙事内容。

一方面，对于城市中重要人物出生、生活过的居所，可将其作为名人故居进行保护与展示，通过故事描述与场景再现，实现对名人故居的保护与可持续利用。以阿姆斯特丹安妮之家为例，安妮之家是著名畅销书《安妮日记》的作者安妮的特殊生活场所。在二战期间，年仅13岁的弗兰克·安妮为躲避纳粹的屠杀随家人隐藏在阿姆斯特丹一座普通建筑的阁楼之中，安妮在密室中写下从1942年6月至1944年8月之间的成长日记，在两年的躲避生活后，除了安妮的父亲，包括安妮在内的家人全部被纳粹杀害。在战后，安妮的日记得以出版，引起了全世界读者

的轰动。安妮的父亲在基金会与民众的支持下将原躲避建筑改造为了安妮之家博物馆，包括阁楼在内，博物馆内全部按照当时安妮一家的生活场景布置，同时增设了展览叙事，使安妮之家成为讲述安妮故事、反思战争的教育场所。

另一方面，对于城市中有重要影响的历史人物，可通过在城市公共空间中建设纪念公园、纪念博物馆的方式来形成对历史人物的纪念，传达重要人物的相关事迹。例如，美国华盛顿特区在 1997 年修建了罗斯福纪念公园，以此纪念罗斯福总统在经济大萧条时期与二战时期所作的贡献。不同于向上式的纪念碑设计，景观设计师劳伦斯·霍尔普林将罗斯福纪念公园整体设计为一种流动参观的故事场所。纪念公园分为四个空间板块，分别展示了罗斯福在任期间所发生的重要事件，及罗斯福所宣扬的"四大自由"。整体通过石墙、瀑布、雕塑等元素，形成了线性的叙事逻辑。

除此之外，对于年代遥远、城市中没有相对应空间的人物，可以通过建设纪念馆形成人物叙事的空间基础。例如，1922 年，美国在华盛顿国家广场设置了林肯纪念堂，以纪念美国第十六任总统亚伯拉罕·林肯。建筑位于华盛顿广场西端，与东端的国会大厦遥相呼应。在纪念堂内部，林肯的雕像坐落于纪念堂的中心位置，周围壁饰内容则讲述着林肯在解放黑奴、促进南北统一等事件中所作的伟大贡献。

3. 形成城市叙事街区

街区是城市空间重要的组成因素。通过对城市中具有历史记忆、事件故事等可叙事街区的发掘，形成以街区路径为特征的城市叙事空间。历史性街区是城市中具有特定历史价值、能反映具体历史信息内容、能较完整体现街区传统格局与风貌的城市空间区域。通过对历史性街区中历史内容的保护、提取与展示，形成以历史叙事为内容特征的街区空间。历史性叙事街区强调对街区中历史信息的保护、研究、阐释和展示的系统呈现，形成从街道整体到景观节点再到具体建筑相统一的整体街区面貌。

①街区的叙事主题：叙事主题是对具体叙事内容的概括与提炼，是对宽泛叙事内容的凝练描述。每一个历史街区都有着特有的叙事内容，街区的历史背景、发展脉络与文化意义，都构成了街区可发掘、可讲述的叙事主题。将街区的叙事内容通过叙事主题进行概括与凝练，可形成受众对街区历史内容的具体认知与辨识。

②街区的整体历史情境：历史街区所体现的历史情境，是历史街区凸显其历史语境、体现街区风貌的重要因素。城市中重要的历史街区因特殊的历史背景、历史故事而被人熟知，将这些叙事文本予以空间化、情境化，通过建筑、景观、广场、道路的具体设计，建立起具有历史情境的整体街区环境，使得街区具有明晰的历史意象。

③街区的遗址节点再现：街道中遗址存留了街区特有的历史信息与时代特征，这些历史信息可通过遗址的展示来实现有效传达。针对历史街区中遗存的遗址节点，需对遗址环境进行合理的保护与展示，从而呈

现街区的历史片段。

④艺术转译街区记忆：历史街区中隐含的故事、事件等叙事内容，可通过艺术手段将其转译为具有艺术语言、传达具体叙事信息的城市艺术景观，具体手段包括景观设计、雕塑创作、公共艺术设计、虚拟现实增强技术等。

⑤街区的博物馆节点叙事：历史街区的历史与记忆，可在街区中增设博物馆进行集中展示，形成具有社区属性的博物馆机构。对于历史街区中具有人物故事、事件记忆的构筑物，在保护的前提下可作为博物馆、纪念馆来呈现具体故事内容。

以王澍设计的"中山路综合保护与有机更新工程"为例，中山路原是南宋都城中的御街，也是杭州旧城历史发展过程中的主轴线。由于杭州城市发展过程中缺乏充分的历史保护意识，中山路的历史信息逐渐消失，逐步变成缺乏特色的现代街区。自2008年开始，王澍通过一系列设计，完成了中山路历史街区的复兴。在设计中，王澍将中山路的叙事定格于最具代表性的南宋御街时期，整体形成以"南宋御街"为主题的叙事内容。通过"新旧夹杂、和而不同"的方式对街区历史问题进行梳理与再设计，包括调整街道尺度、植入具有历史意象的沿街建筑单体、遗址展示、引水入街、增建博物馆等设计手法重塑街区的原有文脉，使中山路在保留现代生活功能的前提下，成为讲述御街故事、具有文脉情境的当代活力街区。

4.策展走向城市——从"馆舍策展"走向"城市策展"

策展走向城市，是指通过策展方法对城市空间的介入，把城市内容作为策展对象，通过策展人对城市文化活动的策划与组织，最终形成以城市空间为载体的文化活动与叙事结果。传统的策展概念指由博物馆、艺术展览所催生的展览策划行为，指的是策展人通过对展览题材、展览内容、展览空间等多方面的整合与策划，形成具有独特视角和价值的展览与空间叙事结果。相比于传统"馆舍内"的展览行为，城市策展是对传统策展边界的扩展，策展对象不再是脱离原环境的馆舍文物与艺术品，而是城市空间与之隐含的活态文化。同时，"策展"二字不再是馆舍内狭义的"艺术展览策展"，而是走向一种基于城市视角的"文化展示策划"。

城市策展可看作是对传统"硬性"城市设计的"软性"补充。在传统自上而下式的城市设计中，城市设计更注重城市形态、规划格局、景观节点等硬性的设计结果，而忽略了软性的城市文化。同时，传统城市设计过程更多是政府—设计者二者之间的静态闭环关系，缺少了城市人对城市文化生成过程的介入与影响。城市策展作为一种动态的城市文化生成机制，着重强调城市中人参与城市文化生产、传播、接受与反馈的过程，通过城市策展人对城市文化、城市生活、城市空间三者关系的策划与介入，形成城市空间—城市人—城市文化—城市空间的循环生成模式。通过城市策展，使城市文化展示突破馆舍性，走向日常性。

城市策展人作为城市策展的组织者与执行者，在城市策展中发挥着核心作用。传统策展人指由博物馆、艺术展览而产生的展览活动的组织者与策划者，同时也是展览属性的制定者，甚至是展览空间的设计者，这些均为执行者角色。城市策展人可看作是传统策展人身份在城市空间中的延伸，将策展视角从馆舍走向城市，也意味着城市策展人不仅包含了艺术家、批评家、文化研究者等传统策展人群体，更包含了城市设计师、城市管理者等与城市设计工作相关的广泛群体。在城市策展的过程中，策展人身份也从解决城市具体问题的执行角色，转变为发现城市问题、策划文化传播的复合角色。

城市策展的可能如下：

①城市问题策展：城市问题策展以城市问题为出发点，通过策展人对城市问题的关注，发起具有活动性、叙事性的城市文化活动。城市问题策展强调的是策展人对城市问题的洞察与理解，是针对城市文化、城市空间的研究与批判。城市问题策展的目的在于通过城市活动的策划与举办，引起城市中人对于特定城市问题的关注与思考，以求得到具体的解决方法。如 2009 年，针对威尼斯过度旅游开发所导致的众多城市问题，威尼斯居民马泰奥·赛吉自发策划了象征威尼斯已死的葬礼活动。活动中，三艘载有威尼斯灵柩的小船行驶在威尼斯主干道威尼斯大运河之上，同时里亚尔拖桥上竖起的显示屏展示着逐年下降的威尼斯本地人口数量。通过具有展示性的城市活动，威尼斯居民讲述着个体对城市问题的关注与批判。

②城市事件策展：城市事件策展依托于城市已有的历史事件与记忆，通过对城市内发生过的事件与记忆的梳理与策划，使其转译为依托于当代城市空间而进行的城市展示活动。通过城市事件策展，城市人可在城市空间中亲身参与到呈现的事件之中，在加强城市人对过往事件认知的同时，使得事件与记忆的传承与当下生活产生更紧密的关联。

③城市艺术策展：早期的艺术展览活动更多地存在于博物馆、艺术馆之中，而忽略了城市空间下艺术活动的更多可能。城市艺术活动策展

城市事件策展：为纪念 1944 年 6 月 6 日的诺曼底登陆，自 2007 年开始，法国诺曼底市在每年 5 月 20 日至 6 月 18 日期间统筹城市内的海滩、街道、广场与博物馆，推出一系列纪念活动，通过市民与游客的参与，来纪念来之不易的和平

通过艺术展览的植入，使城市成为艺术展览新的场所。城市艺术策展强调艺术家对城市公共空间的介入，通过艺术活动、艺术事件来重新激活城市空间。同时，艺术策展的举办可促成艺术产业、艺术市场和艺术教育三者的紧密联系，促进城市整体艺术生态的发展。目前，在城市公共空间中举办的各种艺术节、双年展、设计周活动都可视为城市艺术策展的范围。代表性的活动如威尼斯双年展、荷兰设计周、日本越后妻有大地艺术节、纽约艺术中国汇等。

2015 年春节期间，中央美术学院在纽约策划了艺术中国汇文化活动，活动以哈德逊河、帝国大厦、林肯中心、哥伦比亚大学等纽约市文化、艺术地点为坐标，给纽约人民带来了新年焰火晚会、灯光装置、林肯中心公共艺术大展和创意集市等多元化的活动

④城市节日策展：城市的节日策展是将城市中的传统节日与城市的生活空间相结合，通过城市中节日活动的举办使得节日活动城市空间化。城市节日策展一方面来自于城市生活中已有的历史节日活动，另一方面可根据城市的当代生活现状来策划并组织新的城市节日活动。

（三）虚拟技术与"人工智能—算法"的介入

虚拟技术是文化遗产展示的重要手段之一。借助于虚拟技术，通过对展示空间的介入，改变已有的叙事媒介与叙事手段，从而达到现实环境不具备的叙事体验与信息传达效果，形成对现有展示手段的有效扩展。

从受众、叙事对象、空间三者所形成的复合关系来看，虚拟技术可为城市空间叙事提供更加广阔的叙事媒介与叙事可能。

城市节日策展：美国梅西百货感恩节源自 1924 年纽约梅西百货为招揽生意而举办的圣诞主题游行，后成为纽约感恩节假日里的重要活动

城市节日策展：比利时城市登德尔蒙德举办十年一次的城市节日

　　一是对文化遗产历史信息的虚拟展示。从受众与叙事对象的关系来看，虚拟技术可扩展叙事对象展示的具体手段。在传统的展示中，受困于技术手段的限制，受众与叙事对象之间往往呈现出一种点对点的单向传播关系，即固定的叙事对象、固定的受众和设定好固定的叙事内容。叙事对象更多地呈现出一种固定的、现实的已有状态，而时间进程下叙事对象所呈现的众多历史面貌与进程变化，则只能通过文本描述或脱离空间的影像媒体来呈现。借助于虚拟技术，针对不同的叙事内容、叙事场所与叙事层级，可选择相应的技术手段支撑，使叙事对象的表达手段更加多元。

以巴特罗之家的展示设计为例，巴特罗之家是建筑师高迪在巴塞罗那的代表作之一。为了能更好地还原高迪的设计理念与巴特罗之家建成初期的面貌，巴特罗之家管理会通过 AR 增强现实的手段使观众能准确地了解巴特罗之家内的空间变化。在参观过程中，观众通过携带 AR 设备进行参观，设备除了具有导览功能之外，更重要的作用是观众通过设备可看到室内的设计原貌与历史演进过程，包括蘑菇壁炉、阁楼、主会客厅在内的众多场景为观众呈现了巴特罗之家当代表象之下的历史信息。

二是对城市历史空间的虚拟展示。从受众与空间的关系来看，虚拟技术的到来可打破受众获得叙事内容的空间限制。叙事存在的空间不再受限于人的行走范围，借助于虚拟现实技术，人可在同一地点观看不同空间地域的叙事内容，形成全域式的观看与阅读体验。或借助于虚拟技术，可对固定空间展开更加多元的深度解读，丰富空间的内容表达方式。空间的时间广度、叙事深度都将得到有效扩展。

如奥迪汽车公司在新加坡所做的城市历史回顾计划，体验者在试驾车内由专员驾驶，通过戴上 VR 虚拟现实眼镜，实时体验 50 年前新加坡的历史风貌。在 VR 眼镜的介入之下，体验者跟随车辆游走在新加坡的旧城之中，途径市政厅（City Hall）、莱佛士酒店（Raffles Hotel）、战争纪念公园（War Memorial Park）等地标建筑。VR 眼镜内的历史场景与图像替代了真实的当代城市场景，观众通过回顾计划得以在当代城市空间中找到过去的城市记忆。

当下虚拟技术仍处于发展阶段，目前的技术在图像精确度、交互反馈、技术门槛、健康使用等问题上仍有待完善。技术本身的发展是客观的，其发展与应用前景受到上层内容策划的引导与影响。当下越来越多的设计师都在积极探索利用虚拟现实等相关技术来帮助实现展示手段的实质性转变，如通过虚拟现实技术与教育、游戏、文创等众多领域的结合。因此，如何策划有意义的展示内容、如何构思展示内容的体验方式、如何通过技术更好地讲好城市故事才是虚拟空间叙事所要思考的核心。相信随着时间的进程，虚拟体验技术在未来的博物馆展示、文化遗产展示、文化遗产教育等众多方面将有着更广阔的前景。

值得注意的是，以"算法"为代表的"人工智能"技术，将深刻影响未来城市策展的管理、策划、运营、体验等众多方面。在城市街道中，可利用"算法"组织和展示历史信息，通过数据收集处理、数据储存管理、数据分析与挖掘，与增强现实、虚拟现实等实体设备相结合，构建更具特点的信息展示与互动；针对城市中历史路线的设计，可通过分析历史大数据，设计具有代表性的历史路线。这些路线可以涵盖不同历史时期和重要事件，结合算法生成最优路径，方便市民和游客进行参观和体验；针对具体的文化遗产，可利用算法进行历史数据的动态更新和维护。通过持续收集和分析新的历史资料，保持历史展示的及时性和准确性；通过算法分析反馈数据，可针对不同受众背景，实时反馈不同的展示信息，不断改进和优化历史展示方式，提升用户体验……随着人工智能技术的更加成熟，城市管理者能更加有效地组织和展示城市的历史信息，形成丰富多样的城市展览，增强市民和游客对城市历史的了解和认同。

第三节　本章小结

基于上一章对世界案例的观察与分析，本章提出了博物馆城市的具体设计原则与方法，即一种以文化遗产为内容基础，通过城市空间进行展示与传播的城市设计原则与设计策略。文化遗产为内容基础，既强调常规理解下的众多文化遗产内容，更强调把城市整体作为一种文化遗产单体来看待，以此形成了保护性作为建构基础、再利用性作为设计手段、可持续性作为发展策略、公共性作为空间特征与差异性作为结果取向的五大设计原则。在设计原则之下，本章提出的设计策略是博物馆城市空间具体建构的核心。旧城遗产意象强调的是在宏观、整体视野下对旧城遗产性的重新理解，通过对旧城形态与风貌的保护与发展，使城市形成以旧城遗产为基础的风貌特征。博物馆区块则是从中观层面对博物馆城市空间的特征建构，强调城市空间与具体文化遗产的并置关系与建构方式。城市空间叙事则是对城市空间内众多文化遗产的具体传播与展示方法。三个概念既有着鲜明的层级关系，又相互补充，最终形成博物馆城市的具体设计方法。

第五章

博物馆城市之于中国城市建设的价值

第一节 城市形象的重塑

一、视角转变——城市形象存在于历史之中

在中国城市整体呈现千城一面的窘境之下，博物馆城市的理念对当代中国城市形象塑造有着重要的推动作用。城市的形象既来自于城市自身当下形象的发展与创造，同时又取决于城市自身历史形象的发掘与辨识。一方面，城市的形象是动态发展的，城市人在城市中所进行的一切文明活动不断塑造着一座城市的形象，城市中举办的活动、公共空间增设的艺术品、新建筑和地标的建设等都是城市形象得以塑造的影响因素。另一方面，城市的形象是存在于历史之中的，尤其对于有着悠久历史的城市来说，其城市形象的确立往往来自于历史建筑、街道等主要元素，城市的整体历史环境成为一座城市最具差异性的视觉辨识特征。从这个角度来看，城市形象不仅来自于当代的塑造，更取决于对城市历史环境的整体保护与展示。因此，如何对待城市的历史环境，如何将城市的历史形象进行有效的传播，决定了一座城市文化形象的塑造可能。

中国是一个有着近五千年历史的文明古国，历经了众多朝代的更迭与文化演进，中国有着数量众多的历史性城市。例如，北京有着三千年的文明史，是"五朝古都"，被称为"地球表面上人类最伟大的个体工程"；西安有着近五千年的历史，是中国历史上建都最多、时间最长、影响力最大的历史都城，被称为"十三朝古都"；杭州有着"上有天堂、下有苏杭"的美誉，被马可波罗称为"世界上最为美丽华贵的天城"。中国的历史名城众多，自1982年国务院首次确立24座国家历史文化名城以来，到2018年共计有135座城市被列为国家历史文化名城。其中也包括了拥有都江堰、承德避暑山庄与八外庙、丽江古城、平遥古城等世

界文化遗产的城市。这些历史文化名城除了自身悠久的历史之外，更为重要的是城市内保留了众多辨识度高、可参观性强的历史文化遗产。中国虽有众多的历史文化名城，但其中却存在诸多问题。一方面，多数历史文化名城虽然保留了核心的文化遗产建筑、景观或遗址，但当人们亲自游走于城市之中时，人们只能在极少数的局部空间中感知到城市的历史，整体的城市历史环境早已遭到破坏，历史城区已被当代功能性建筑或仿古建筑所取代，文化遗产成为城市中的"孤岛"，历史文化名城的整体形象与其他城市别无二致。另一方面，从中国城市发展的整体状态来看，能够较好地保存历史环境和延续城市文脉的城市数量有限，许多城市的现状与其宣传或历史记载中的城市形象存在较大差异，整体上面临一定的同质化问题。然而，及时采取措施仍为时不晚。在城市同质化现象加剧之前，我们应从更加全面的视角去审视城市历史的价值，认真思考当前的挑战与未来的可能。通过博物馆城市的视角来审视城市历史，将城市形象的塑造回溯到城市历史的众多片段之中，这既是对中国城市发展的反观与重塑，同时也是对现有历史文化名城塑造策略的有益补充。

二、整体性的城市设计机制

对于仍处于高速发展中的中国城市，需要通过新的设计机制的介入来解决当下城市发展的难题。正如本书第四章所提出的博物馆城市的设计原则与策略构想，从城市的博物馆性来审视中国历史城市形象的塑造可能，强调的是一种从宏观城市整体，到中观城市空间，再到微观文化遗产传播的"整体性"塑造策略，形成具有博物馆属性的城市整体历史环境。

博物馆城市作为一种整体的城市理念框架，强调在具体的城市设计过程中突破已有的设计专业与学科壁垒，从整体性的理念出发，形成整体性的城市设计结果。在当代中国城市的设计过程中，城市的规划、建筑、景观、文化设施、城市艺术品有着独立的设计系统与层级规则，相互之间各自独立、缺少沟通。更为重要的是，当代城市设计缺少一个整体的城市形象设想与目标，进而造成了各设计层级各自为战、城市形象层级断裂的窘境。如，规划更多从理性的数据与功能出发，缺少对城市文化感性的发展预判；建筑设计仅考虑自身特色，而忽略了城市整体的文脉与历史环境的限定；以城市雕塑、公共艺术为代表的城市艺术品更多从局部空间入手，缺少对城市空间的整体考虑与关联……

同时，博物馆城市强调规划师、建筑师、雕塑家、城市管理者等各系统人员之间的协同合作，形成多学科交叉互补，各设计层级整体联动，以保护与展示城市文化遗产为目标，共同创造未来遗产城市的集体智慧。其中涉及城市的发展策略、城市空间的具体设计、城市文化展示的策略制定等。正如明清北京城被称为"伟大的个体工程"，当下的中国城市同样需要一种多方协同的城市设计观念来统筹设计，而在中国集中力量办大事的特有政府运行机制下，这种城市设计策略有望早日得到实现。

三、中国城市形象的塑造可能

博物馆城市所追求的是一种具有博物馆意象的城市特征，要求城市的历史风貌得到整体保护并提供展示的可能。对于不同属性的城市，需要在整体性的视角下做到具体情况具体分析，并提出具体的应对策略。

对于历史风貌完整保存的城市来说，在已有城市历史风貌的保护与更新基础上，需进一步发掘城市无形的文化信息，通过有形的文化展示与活动，形成更加立体的整体历史形象。以凤凰古城、丽江古城、平遥古城等为代表，这些城市虽然面积较小，但留存的历史整体风貌已成为不可替代与无法再生的历史文化遗产。若城市形象仅停留在外在的历史形象是不够的，城市中包括非物质文化遗产在内的众多城市文化资源需统筹在城市整体历史形象之下，形成对有形历史风貌的无形文化补充。

对于城市整体历史风貌已被破坏，但仍保留核心古迹的历史性城市来说，需谨慎处理新建环境与历史古迹之间的关系，形成具有历史特征、和谐共生的整体城市形象。一方面，在保护性的原则之下，需加强遗产古迹的完整性与原真性保护，合理规划旧城与新城的关系，形成对文化古迹的可持续发展与再利用，形成公共的文化资源与文化遗产。另一方面，受众多历史因素与人为因素影响，城市中有形的城市形象虽遭破坏，但城市中依然留存了大量无形的非物质文化遗产。可进一步发掘非物质文化遗产所涉及的历史文本、民俗活动、城市记忆等内容，将其转译为城市新的视觉信息，形成城市中可感知的文化节点与内容，成为城市历史风貌的有效补充。另外，也可通过博物馆区块的设置、将原有的历史古迹或废弃建筑等转化为可参观的展览场所与叙事场所，进而形成与核心文化遗产的空间并置。

对于历史短暂的新生城市来说，较短暂的城市历史虽然没有形成悠久的历史文化遗产，但城市发展过程中具有代表性的事件节点、文化建筑、展览活动都有可能在将来成为重要的文化遗产，这就需要当下的城市管理者在整体形象的控制下有意识地加强对以上资源的创造与保护。从更长的时间跨度来看，当代的城市环境终将成为未来的历史形象，当下的文化痕迹也终将成为未来的文化遗产。对于众多处于转型期的当代中国城市来说，虽已认识到城市形象的雷同等众多问题，但通过合理的保护与利用，城市中已有的风貌与短暂历史仍然是具有特殊价值的。一方面，城市需要用一种整体保护性的思维来面对城市的历史与现状，对有价值的文化资源加以保护，形成未来的遗产基础。另一方面，需在政策与策划层面加强城市中文化资源的可创造性，如建设博物馆机构、特殊人物的纪念馆以及引入城市艺术展览机制等，加强城市空间的博物馆属性，形成城市文化的聚集性场所，为城市文化未来的发展提供多元接口。

对于还没有建设的未来城市来说，在新城规划与建设之初，确立一种预设性的理想城市观念是至关重要的。如在 2016 年针对即将建设的雄安新区，习近平总书记强调要坚持用最先进的理念和国际一流水准规划设计建设，经得起历史检验，强调创造历史，追求艺术[189]。未来之城从零基础开始，犹如在一张白纸上建设新城，未来之城的建设既需要一个理想性、艺术性的城市理念作为指引，又需科学的规划理念作为建设基础，确保后续规划内容与规划体系的科学合理。未来基于历史之上，未来之城终将成为历史之城，在城市建设之初，就需要明确城市文化发展核心、完善城市文化设施建设步骤、建立完整的文化遗产保护政策、形成整体性的城市发展计划，避免盲目和局部的城市后续建设问题。加强对建设地点已有的文化遗产保护，做到未来之城建立在文脉传承之上。同时，未来基于创新之上，未来之城因没有过多的机制限制，应在建设之初注重城市建设机制的创新，在"整体性"的城市设计机制下，探索新的城市设计可能。

第二节　城市文化的重现

一、城市作为故事场

中国悠久的历史进程不仅诞生了众多文明痕迹，更催生了不可计数的城市文化。中国传统城市文化涵盖了建筑、交通、饮食、服饰、市场、

189　张旭东，王敏，齐雷杰，等. 奋进新时代　建设雄安城——以习近平同志为核心的党中央谋划指导《河北雄安新区规划纲要》编制纪实 [N]. 人民日报，2018-04-27.

216　博物馆城市　以文化遗产展示为特征的城市设计

宗教、民俗等各个方面，成为一部包含中华传统文化集成的巨著。但在当下快速发展的城市化进程之中，城市中具有代表性的文化节点逐渐消失，无论是城市居民还是城市到访者，人们在城市中所感受到的文化内容基本处于雷同状态，人们感受不到随着城市变化所带来的文化差异。当下城市文化的困境，需要一种新的视角予以解决。

从城市所具有的博物馆属性来看，城市的文化应是可叙事与可参观的。中国的城市文化不仅只存在于历史的文献记载与过去的记忆之中，更应在当下成为可被传播的文化信息。城市应是一个讲述故事的场所，无论是城市内的居住者，还是外来的城市访客，都应直接地感受到一座城市所传达的文化信息，成为城市文化的参与者与体验者。城市的可参观性与可叙事性对于中国城市文化传播有着参考与运用价值。

从中国当下城市旅游的角度来看，城市旅游是国内经济的重要组成部分。在 2018 年新的机构改革中，中国国家旅游局与文化部合并为新的文化和旅游部，此举措旨在统筹文化产业发展和旅游资源的开发，提升国家文化软实力和文化影响力，形成文化和旅游的协同发展。城市作为旅游最为重要的目的地，是旅游的核心组成部分，在国内旅游产业迎来新的重大发展机遇之下，强调城市文化的可参观性与可叙事性对于当下城市旅游有着重要的实际意义。可叙事性与可参观性强调的是对城市中已有事件与记忆的发掘，强调通过城市设计的可能，有意识地将城市空间转变为一个可讲述城市自身故事的场所。游客对于城市的差异性感知除了有形的城市风貌之外，更为重要的是对城市中无形文化的体验与参与。城市中的博物馆机构与文化设施、展示空间、文化节庆空间等众多类型的参观与叙事场所都为城市观光者提供了了解城市文化的"打卡地"，同时结合文化旅游所催生的城市创意与相关文化产业，都将使得城市文化在经济发展的前提下得到有效传播。近年来国家强调的"VR

旅游"与"全域旅游"的概念，也将在此基础上迎来发展的契机。

　　从中国城市文化传播的角度来看，城市文化的发展来自于已有历史文化的进一步发展与更新。通过博物馆视角看待城市文化，要求的是城市在保存已有文化的基础之上进一步寻求城市文化更新与传播的有效途径。城市文化的保存是前提，可叙事与可参观性则是外化表达。城市文化因人而具有意义，只有走入城市之中，才能感受城市文化的真实情境，只有通过可感知的叙事方式才能有效地了解城市的历史与内涵。其中，城市空间作为城市文化最大的承载体，提供了城市文化得以生长的根基，以博物馆为代表的文化机构提供了城市文化集中展示的场所，而城市中其他的文化活动则构成了传播城市文化最为生动的途径。城市文化只有在有效传播的前提下才能被人所熟知，才得以具有进一步自我繁殖与更新的可能。

二、从城市文化入手讲好中国故事

　　习近平总书记在党的十九大报告中明确指出：推进国际传播能力建设，讲好中国故事，展现真实、立体、全面的中国，提高国家文化软实力。[190] 自改革开放以来，中国国力日渐强盛，中国已走到了世界舞台的中心位置。讲好中国故事，是传播中国文化的有效手段，关乎中国的国际形象塑造、国际地位与话语权的提升，关乎中国人对自身文化的自觉与传承。

　　当前，讲述中国故事面临一些挑战。例如，文化传播的途径和资源仍有待加强，导致丰富的中国故事未能得到广泛传播；在讲述这些故事的方式和平台上，存在一定的局限性，影响了故事的吸引力和传播效果；此外，传统文化在国际上的影响力还有待提升，这也为中国故事的传播带来了一定的困难。

190　习近平．决胜全面建成小康社会，夺取新时代中国特色社会主义伟大胜利——在中国共产党第十九次全国人民代表大会上的报告 [G]．北京：人民出版社，2017.

从城市文化入手，是讲好中国故事的一种方法尝试。中国故事是一个宽泛概念，其具体内容范围广阔，包含了政治、经济、人文等众多方面。从城市文化入手，则是以城市历史文化与当代生活为主要表达内容，以此呈现中国独有的文化形象。在博物馆城市的理念之下，城市可成为一种讲述中国故事的有效途径。

首先，城市文化遗产构成中国故事的叙事脚本。中国故事的取材是至关重要的，在中国几千年的发展过程中，中国众多历史城市蕴涵着丰富的人文精神、历史遗产与历史记忆。无论是文化丰富的历史城市，还是充满活力的现代都市，中国城市文化的内容可成为讲述中国故事的丰富素材。将这些文化遗产内容进行保护与合理的提取，通过有效的转译可形成文学、电影、动漫、文化创意产业等领域叙事的内容，进而形成具有中国文化特色的叙事脚本。必须注意的是，叙事内容的表达方式是至关重要的，除了体现中国的艺术语言与文化特色，更应在普世、可接受的现代艺术语言与文化观念下开展创作。如莫言所言："一部文学作品只有表现了人类最普遍、最基本的情感，翻译成外文之后才能打动外国的读者。一件艺术作品也只有表现了人类最基本的感情之后，才能够感动其他国家的观众。我们的汉学教育实际也是这样。只有把我们最基本、最符合人的基本情感的东西拿出来率先介绍出去，也许更能赢得其他国家人民的认同。"[191] 当前美国好莱坞、日本动漫产业等吸收中国传统故事与文化形象所展开的众多创意尝试，可以为中国发掘传统文化内容提供有益的借鉴。

其次，城市空间可作为讲述中国故事的有效场所。讲述故事的媒介有着众多的可能。作为人类文化最为重要的孕育场与发生场，城市空间提供了比传统传播媒介更为宽广的叙事可能。在城市文化环境的有效保护之上，城市空间可成为讲述城市故事最为合适的场所环境。

191　莫言. 孔子学院：怎样讲好中国故事 [J]. 商周刊, 2013:12.

一方面，作为城市文化产生的原生环境，城市文化所具有的空间情境，使得城市空间之下中国故事的讲述具有不可替代的在地性与真实性。故事因人而传播，作为故事的聆听者，城市人只有设身处地地生活于城市之中，才能通过对城市文化遗产的阅读与感知来形成对城市故事的有效获取。众多的中国故事只有在原始情境中进行讲述与回顾，才能真实地反映其叙事内容。

另一方面，从文化的国际交流来看，中国故事的讲述不仅局限于中国本土，更应"走出去"，在世界城市的视野下重新审视讲述中国故事的有效策略。习近平总书记在宣传工作会议上强调，宣传工作必须"主动发声"。中国的城市故事在世界范围内的传播，是当下中国宣传自身文化历史、树立大国形象的必要手段。城市文化形象的展示应加强与世界各国的文化交流，以文化遗产为展示对象，通过节庆活动、学术交流、举办展览等众多展示手段，使得中国的文化遗产内容能在世界范围内的众多城市中广泛传播。中国故事的讲述不仅要根植于本土城市，更应在世界其他国家城市中不断被讲述。

三、展示城市记忆，留住乡愁

乡愁，即人对故乡的相思之愁。随着高速的城市化进程与人口的频繁流动，城市中承载人们记忆的载体逐渐消失，乡愁成为当代城市人可望而不可求的回忆。早在 2013 年 12 月举办的中央城镇化工作会议上就提出"让城市融入大自然，让居民望得见山、看得见水、记得住乡愁"。2019 年初，习近平总书记在北京前门东区看望慰问基层干部群众时再次强调"让城市留住记忆，让人们记住乡愁"[192]。当代中国着重强调乡愁在城市发展与建设中的意义与作用，反映了乡愁不只是一种城市政策导向，更是当代城市所缺失的重要文化内容。

192　金佳绪.习近平年度"金句"之二：让城市留住记忆，让人们记住乡愁 [EB/OL].(2019-12-26)[2020-01-06].http://www.ccps.gov.cn/xtt/201912/t20191226_137095.shtm.

博物馆城市所具有的文化遗产展示属性，可对当代城市乡愁问题研究提供不同的参考视角。

随着城市建设的快速发展，城市中大量的建筑与街道面临着不断的拆毁与重建，不仅拆毁了城市的实体建筑，更损毁了承载成长记忆的虚体载体。人们对乡愁的记忆来自于成长过程中的故乡经历，它构成了一个人个体记忆的建立与自我身份属性的识别。而随着城市中这些记忆载体的不断消失，人们逐渐发现现实情境与记忆中的故乡产生了隔离，不间断拆与建的过程不断强化着人们的"个体"与"集体"、"自我"与"归属"、"暂居"与"故居"之间的思索与痛苦，乡愁的情节进而不断被强化。在这个过程中，城市人的个体记忆、集体记忆与社会记忆三者之间不再具有稳定的互构关系，乡愁问题的窘境就此形成。

乡愁的探寻，可以将城市记忆的探寻作为入手点。一方面，城市记忆作为城市文化遗产的重要组成部分，由城市中众多个体记忆所构成。通过对城市中多角度、全方位城市记忆的发掘与梳理，形成可供展示的内容基础，通过合理的展示策划，形成可传播的文化内容。另一方面，城市中具有代表性的文化遗产突出了个体记忆的代表性与典型性，成为一种公共的集体记忆。加强对代表性文化遗产的展示，是加强城市记忆的有效路径。如城市生活中具有共鸣的集体记忆或集体事件、有代表性的文物古迹等。对于不同层级的记忆内容，需要提出不同的展示策略，如对于城市中市井生活的记忆，可通过城市雕塑、场景还原、叙事节点来形成记忆的有效回溯与展示；对于城市中的民风民俗，则需要在保护的基础上加强传播力度，进一步加强与当代生活的结合；而对于城市的整体文化脉络，则可通过博物馆等文化机构进行整体的展览展示与叙事等。总之，文化遗产的展示，目的在于将有代表性的城市记忆与文化进行再次传播，促进当代城市人的记忆"共鸣"，形成个体记忆与集体记忆的再现与文化记忆的唤醒。同时，移动互联网、虚拟现实等技术对文化遗产展示方式的更新与补充，使得乡愁的唤醒更加多元与深刻。

第三节　公众教育的重识

一、城市作为教育场

自城市文明兴起，城市就一直作为教育的场所存在于人类文明的发展之中。无论是基本生存技能的启蒙，还是教义、文学、艺术等后天知识的教授，人类几乎所有的教育活动都集中于城市之中。过往所理解的城市教育往往是城市中人对人的教育，即人为教育者，他者为教育对象，以城市为空间开展相应的人类教育活动。博物馆城市所强调的博物馆性，是对已有城市教育理念的强调与补充。在博物馆城市理念下，城市空间不再仅仅作为教育的场所，更应成为一种教育者的角色。文化遗产展示所传达的信息涵盖了建筑、遗产、事件、风俗等城市文化的各个方面，丰富的文化内容构成了城市教育的内容基础。而城市中，丰富的叙事手段与展示方式构成了城市教育的具体方法。

一方面，文化遗产的展示使得城市人对于历史和文明的学习不再停留于具象的言传与抽象的文本之中，而是回归到真实的场景和情境之中，形成对历史和文明的真实感受与认知。历史和文化不再仅存于想象之中，而是成为"可触摸"的历史对象，构成了城市人对城市历史与文化的认知基础。

另一方面，博物馆性所映射的城市教育不再是一种"主动教授与被动接受"的固有教育模式，而是融合在城市生活、城市漫游之中，构成了有机的城市生活部分。城市中丰富的文化遗产、历史事件以及众多的博物馆教育机构，使城市成为一篇可不断参观与阅读的文化巨著，在城市作为教育场的理念下，城市教育不再仅限于文本与经验的教授，更成为城市人面对历史环境的一种"文化自觉"。城市人感知与学习的结果最终又反哺于城市自身文化的发展与更新，形成城市—文化遗产—人—城市的良性循环发展。

二、城市美育的重拾

当下城市千城一面的现状与城市形象发展的误判，反映了当代教育中美育教育的严重缺失。博物馆城市的概念，对于城市的美育传播有着重要的意义。

美育，即审美能力的教育，它涉及人类对美的情感、美的形态、美的观念等多方面的教育。18世纪，席勒在《美育书简》中对美育一词首次作出了系统的阐释："有促进道德的教育即德育，有促进健康的教育是体育，有促进认识的教育是智育，有促进鉴赏力和美的教育即美育。"[193] 对于美育的内涵，席勒将其看作是人类追求自由与完整人性状态的途径。20世纪20年代，以王国维、蔡元培、李叔同为代表的教育家将美育观念引入中国，蔡元培提出"美育者，应用美学理论于教育，以陶冶感情为目的者也"，更提出了以"美育"代"宗教"的美育主张。美育作为人类教育的重要组成部分，对于人类文明的诸多方面有着重要的影响。无论是有形的物质文明，还是无形的精神文明，美育所造就的文明成果深刻地影响着人类整体的文明意识，并影响着一代又一代的人们。

博物馆作为美育的重要场所，自诞生的那天起就承担了美育教育的重要职能。1928年，英国人迈斯提出博物馆的功能由收藏研究走向公

---

193 席勒. 美育书简 [M]. 徐恒醇，译. 中国文联出版社，1984:102.

共教育是博物馆的第一次革命。博物馆城市的理念，是对博物馆美育观念的有效扩展与延伸。现有"馆舍"视野下的美育教育，更多关注于博物馆内以绘画、雕塑、工艺品为代表的艺术品对美育的作用，而忽视了城市公共空间中的废墟遗址、文物古迹、文化活动、非物质文化遗产等众多文化遗产类型对于美育教育的重要补充。在城市的视野下，基于对文化遗产的参观与阅读，当下的美育观念将由"馆舍美育"走向"城市美育"。在此，本节试图提出博物馆城市观念下"城市美育"的若干维度与可能。

1.废墟的美育：对于废墟的"审丑"观念是城市审美的重要部分。重新认识城市中废墟所体现的美学内涵与文化价值，是当下中国城市美学认识的重要阶段，也是公众审美意识的觉醒起始。

2.建筑古迹的美育：建筑古迹是城市历史最为直接的见证物。中国地域广阔，不同地域的建筑古迹反映了不同形式的建筑美学。对建筑古迹的参观与学习，是掌握中国建筑美学、继承古代建筑技艺的必要手段。

3.历史街区的美育：历史街区呈现的是一种生活情境。由街道、建筑、植物、景观等元素构成的情境氛围是当代中国城市需要重点营造的重要内容，它为当代城市人展示了历史的美学情境与生活可能。

4.城市文化活动的美育：城市节庆、展览等文化活动类型是传播美学的直接媒介。具有历史价值的文化活动不同于建筑古迹等静态美学类型，它提供的是一种真实的、动态的、生活式的美学构成，是现代城市生活不可缺少的形式内容。

5.城市记忆的美育：美好往往存在于记忆之中，城市中消失的个体记忆与集体记忆是一座城市珍贵的文化遗产。通过对城市中逝去记忆与事件的追寻与再现，是呼唤逝去的差异性记忆、构建当代城市差异性美学的有效方法。

6. 城市整体历史风貌的美育：城市整体历史风貌可理解为一幅表现城市整体风景的历史画卷。保存完好的历史风貌展示了当代新兴城市不具备的城市美学特征，提供了未来城市整体塑造的历史智慧。

7. 异域城市的美育：人在不同地域城市中游走与学习，是习得世界文明历史、掌握世界文明多样性最为直接的手段。异域城市成为世界不同地域学者学习的"交互媒介"。城市作为美育的场所，不仅需要对当下本土地域的研究与学习，更需要加强世界视野下城市美学的横向对比与交流。

第四节　本章小结

基于本书前置部分对博物馆城市理论、类型与策略的建构与总结，本章将博物馆城市的研究回溯到当下中国本土，从博物馆城市的视角重新审视当下中国城市发展的众多问题，并尝试提出了博物馆城市对于当代中国城市化建设的三种价值取向。博物馆城市的理念对当代中国城市形象的千城一面问题、城市文化缺失问题以及城市空间教育的忽视问题，都提供了不同的应对可能。在历史视角下，城市风貌的特色更多地存在于长时间历史进程所形成的唯一性表征，这种历史价值下所蕴含的城市风貌观念，正是当下城市发展所缺失的核心。城市所保存的文化遗产是城市文化的重要组成，在当下旅游快速发展、本土故事不断被重视、城市人不断追寻乡愁的大环境之下，文化遗产的展示是城市文化再现与传播的重要渠道。重新看待博物馆城市理念所蕴含的美育功能，对于重新思考当代中国城市文化发展、推进城市教育实施有着重要的启示作用。

结语

城市作为一个动态发展的人类文明集合体，需要在不同时代背景下不断反观其内涵并赋予新的概念与可能。本书所提出的"博物馆城市"概念，意在强调城市自身所具有的一种"博物馆属性"。城市的博物馆属性并非城市人凌驾于城市之上的客体概念，而应视为城市发展过程中城市人与城市文明之间相互关系的表征与显现，是城市自身众多属性的一部分。城市的博物馆属性伴随着城市文明的发展而不断被建构，成为城市文明特征不断明晰的内在动因。

"博物馆城市"是观看、理解并重塑当代城市文化形象的一种新视角，也是本书提出的一种新城市理念。在具体论述过程中，本书从城市和博物馆二者逻辑的"对等性"出发，提出了城市和博物馆二者从独立概念走向一种系统概念的建构途径。博物馆城市作为一种被创造的城市理念，其研究视角形成于"由过去到未来""由局部到系统"和"由加和到涌现"的三种思维转变当中，构成了博物馆与城市的同构结果。而城市之所以可被看作是一座博物馆，则来自于城市亲历者对"城市博物馆属性"所包含的"博物馆性""可参观性"与"可叙事性"的亲历与感知。其中，文化遗产是博物馆城市属性得以外显的内容基础，展示则是博物馆属性得以感知的具体手段和途径。通过对上述理论的论述，建立了博物馆城市的理论建构基础。

"博物馆视角"下的城市，体现在以下三个方面：

一是作为历史风貌的博物馆城市。城市历史风貌的完整性保护，是一座城市"历史性意象"凸显的核心，也是一座城市"博物馆属性"在当下的主要表征。城市的历史风貌囊括了一座城市中有形的、可观看的历史内容，这些历史内容因城市进程中人为因素的设计与时间因素的塑造，形成了今天可观看的历史风貌整体。作为历史风貌的博物馆城市，是从城市有形整体对城市历史的回溯与反思，强调的是从城市整体层面对文化遗产的保护与展示，而历史风貌所包含的众多层级的文化遗产内容，构成了城市这座宏大的"博物馆建筑"由外及内的一体性空间形态。

二是作为文化中枢的博物馆城市。在博物馆视角下，城市具有着如同博物馆一般的文化机构作用。这种文化机构，有着对城市文化遗产保护、研究、教育与传播的功能和文化职责，进而成为一个地域乃至国家的"文化中枢"。作为一种文化中枢的博物馆城市，其核心在于城市历史文化遗产展示对于城市当代文化的促进作用，它包括了对城市教育、城市形象与城市生活方式的当代建构。

三是作为超循环的博物馆城市。从一座城市由历史到未来的大视野进程来看，城市与之内涵的系统整体构成了一个"超循环"结构。城市的过去、现在与未来构成了一个循环渐进、不断往复的发展过程。博物馆城市视角下，城市的"过去历史"与"未来可能"有了新的解读途径。"历史"与"未来"不再是一对非此即彼、二元对立的时间两极，而是相互映照、互为因果的循环系统。历史是一座城市具有文化差异的内容前提，是城市最为珍贵的遗产财富，而城市人对城市历史文化遗产价值的重新认知，是城市文化可持续发展最为重要的基础。城市发展视角应回归于城市历史之中，城市的未来不只存在于创新与创造，更存在于对城市历史的重新回溯与激活，只有保存住城市的历史，城市的未来才有可能具有一种长时间跨度的"文明价值"。城市当下的文化塑造、传播与保护，是城市"未来历史"得以形成的前提。

通过博物馆城市的理论研究与相关构成要素的分析，本书首次论述了文化遗产展示所构成的博物馆城市的类型特征。从将城市整体作为博物馆的角度出发，将城市博物馆属性得以形成的具体内容进行了归类与分析。具体体现在以下几点：

1. 以历史遗迹为特征。废墟和遗迹是城市有形的历史文明见证，是认知一座城市历史文明与城市审美的物质性载体，体现了博物馆城市的历史性特征。

2. 以城市历史风貌为特征。城市的历史风貌是对城市风貌的整体性与历史性的强调，是一座城市的"集合式"文化遗产，体现了博物馆城市的景观性特征。

3. 以众多博物馆机构为特征。城市中的博物馆机构反映了一种城市文化结构与文化生活可能，体现了博物馆城市的数量性特征。

4. 以城市记忆与事件为特征。城市记忆基于城市的个体记忆与集体记忆，并以城市事件活动为具体表征，是一座城市无形记忆的有形呈现，体现了博物馆城市的记忆性特征。

5. 以艺术展览活动为特征。艺术展览活动是人在城市空间中参与的艺术性与文化性城市活动，其作用体现在城市文化与艺术的传播与更新，对于城市活力有着积极的催生作用，体现了博物馆城市的活动性特征。

博物馆城市的五种类型分析与实例论述，使博物馆城市这一抽象概念得以具体化，并为城市的研究与设计提供了有益的借鉴可能。

另外，本书在博物馆城市理论与实例研究的基础上，搭建了由文化遗产本体、城市空间、展示策略三者共同形成的博物馆城市的设计原则与设计策略，初步建立了博物馆城市由宏观、中观到微观层面的系统设计方法。在具体论述中，本书基于前期对博物馆城市理论的研究和具有代表性的城市案例分析，首次尝试提出了博物馆城市的五大设计原则与三大设计策略。五大设计原则明确了博物馆城市在设计过程中展开的前提条件与控制性准则，通过保护性、再利用性、可持续性、公共性、差异性五个原则的具体论述，形成博物馆城市在设计过程中需具备的理念视角与思考范围。其中保护性原则是博物馆城市得以建构的起始点与必要条件，再利用性原则、可持续性原则、公共性原则、差异性原则是博物馆城市中文化遗产得以传播的具体限定与充分条件。三大设计策略内容涵盖城市从宏观的整体形象到中观的城市空间特征再到微观的文化遗产内容的展示观念与方法。其中，"旧城遗产意象"是从城市形象整体出发，强调对城市历史形态与风貌的整体保护与控制，并以城市中的旧城为核心，确立其具体的发展模式；"博物馆区块"是从城市角度对传统博物馆概念的扩展，通过对城市中具有博物馆属性或博物馆潜力的城市空间的发掘，形成以博物馆属性为核心的泛博物馆空间区域；"城市空间叙事"是将城市看作一个讲故事的空间，通过对城市空间中可叙事内容的发掘，形成对城市文化故事性的阅读与解读，从而构建起受众对于城市文化的感知与反馈，形成对城市文化的身份建立与认同。

　　基于博物馆城市的研究，本书也尝试将这一概念放置于中国本土层面，重新思考其设计原则与策略对于中国当前城市化建设的价值可能。对于解决当下千城一面的城市形象问题，博物馆城市的理念可提供一种有效的解决途径参考。在城市文化和城市精神的重新塑造过程中，博物馆城市的理念同样对于城市文化建设有着实际的参考价值。另外，以博物馆的视角对于城市美育的重新认识，也将在未来城市教育与形象塑造方面发挥重要的基点作用。

参考文献

专著

1 刘易斯·芒福德 . 城市发展史——起源、演变和前景 [M]. 宋俊岭，倪文彦，译 . 北京：中国建筑工业出版社 ,2005.
2 刘易斯·芒福德 . 城市文化 [M]. 宋俊岭，李翔宁，周鸣浩，译 . 北京：中国建筑工业出版社 ,2005.
3 约瑟夫·里克沃特 . 城之理念 [M]. 刘东洋，译 . 北京：中国建筑工业出版社 ,2006.
4 阿尔多·罗西 . 城市建筑学 [M]. 黄士钧，译 . 北京：中国建筑工业出版社 ,2006.
5 柯林·罗，弗瑞德·科特 . 拼贴城市 [M]. 童明，译 . 北京：中国建筑工业出版社 ,2003.
6 柯林·罗 . 透明性 [M]. 金秋野，王又佳，译 . 北京：中国建筑工业出版社 ,2008.
7 张子康，罗怡，李海若 . 文化造城 [M]. 南宁：广西师范大学出版社 ,2011.
8 查尔斯·詹克斯 . 当代建筑的理论和宣言 [M]. 北京：中国建筑工业出版社 ,2005.
9 凯文·林奇 . 城市意象 [M]. 方益萍，何晓君，译 . 北京：中国建筑工业出版社 ,2017.
10 彼得·霍尔 . 明日之城：一部关于 20 世纪城市规划与设计的思想史 [M]. 童明，译 . 上海：同济大学出版社 ,2009.
11 伊利尔·沙里宁 . 城市：它的发展、衰败与未来 [M]. 顾启源，译 . 北京：中国建筑工业出版社 ,1986.
12 简·雅各布斯 . 美国大城市的死与生 [M]. 金衡山，译 . 北京：译林出版社 ,2005.
13 埃德蒙·N·培根 . 城市设计 [M]. 黄富厢，朱琪，译 . 北京：中国建筑工业出版社 ,2003.
14 亚历山大·R·卡斯伯特 . 设计城市 [M]. 韩冬青，译 . 北京：中国建筑工业出版社 ,2011.
15 韦恩·阿托，唐·罗根 . 美国城市建筑——城市设计中的触媒 [M]. 王劭方，译 . 台北：创兴出版社 ,1994.
16 亚历克斯·克里格，维廉·S·桑德斯 . 城市设计 [M]. 王伟强，王启泓，译 . 上海：同济大学出版社 ,2016.
17 戴维·格雷厄姆·沙恩 .1945 年以来的世界城市设计 [M]. 边春兰，唐燕，译 . 北京：中国建筑工业出版社 ,2017.
18 王建国 . 城市设计 [M]. 南京：东南大学出版社 ,2011.
19 王伟强 . 城市设计概论 [M]. 北京：中国建筑工业出版社 ,2019.
20 王耀武 . 西方城市乌托邦思想与实践研究 [M]. 北京：中国建筑工业出版社 ,2012.
21 大卫·路德林 . 营造 21 世纪的家园——可持续的城市邻里社区 [M]. 北京：中国建筑工业出版社 ,2005.
22 英埃比尼泽·霍华德 . 明日的田园城市 [M]. 金经元，译 . 北京：商务印书馆 ,2000.
23 肯尼斯·弗兰姆普敦 . 现代建筑：一部批判的历史 [M]. 北京：生活·读书·新知三联书店 ,2004.
24 迈克·詹克斯 . 紧缩城市——一种可持续发展的城市形态 [M]. 周玉鹏，楚先锋，译 . 北京：中国建筑工业出版社 ,2004.
25 安德烈·德瓦雷，方斯瓦·梅黑斯 . 博物馆学关键概念 [M]. 张婉真，译 . 上海：国际博物馆协会大会 ,2010.
26 大卫·卡里厄 . 博物馆怀疑论 [M]. 丁宁，译 . 南京：江苏美术出版社 ,2017.
27 爱德华·P·亚历山大，玛丽·亚历山大 . 博物馆变迁——博物馆历史与功能读本 [M]. 陈双双，译 . 陈建明，主编 . 南京：译林出版社 ,2014.
28 詹姆斯·费伦 . 作为修辞的叙事 [M]. 陈永国，译 . 北京：北京大学出版社 ,2002.
29 德利希·瓦达荷西 . 博物馆学：德语系世界的观点 [M]. 曾于珍，林资杰，等，译 . 台北：五观艺术管理有限公司 ,2005.
30 德利希·瓦达荷西 . 博物馆·理论篇 [M]. 曾于珍，林资杰，等，译 . 台北：五观艺术管理有限公司 ,2005.
31 周幸，李晓蕾 . 博物馆的性格 [M]. 北京：石油工业出版社 ,2007.
32 曹兵武，崔波 . 博物馆展览：策划设计与实施 [M]. 北京：学苑出版社 ,2005.

33　杨玲，潘守永 . 当代西方博物馆发展态势研究 [M]. 北京 : 学苑出版社 ,2005.

34　王宏钧 . 中国博物馆学基础 [M]. 上海 : 上海古籍出版社 ,2001.

35　邹瑚莹，王路，祁斌 . 博物馆建筑设计 [M]. 北京 : 中国建筑工业出版社 ,2007.

36　吴永琪 . 遗址博物馆学概论 [M]. 西安 : 陕西人民出版社 ,1999.

37　苏东海 . 博物馆的沉思 [M]. 北京 : 文物出版社 ,2006.

38　德波拉·史蒂文森 . 城市与城市文化 [M]. 李东航，译 . 北京 : 北京大学出版社 ,2015.

39　斯皮罗·科斯托夫 . 城市的组合 [M]. 邓东，译 . 北京 : 中国建筑工业出版社 ,2008.

40　贝拉·迪克斯 . 被展示的文化——当代"可参观性"的生产 [M]. 冯悦，译 . 北京 : 北京大学出版社 ,2012.

41　马歇尔·麦克卢汉 . 人的延伸——媒介通论 [M]. 何道宽，译 . 成都 : 四川人民出版社 ,1992.

42　勃罗德彭特 . 符号、象征与建筑 [M]. 乐民成，等，译 . 北京 : 中国建筑工业出版社 ,1991.

43　戴安娜·卡尔 . 电脑游戏 : 文本、叙事与游戏 [M]. 丛治辰，译 . 北京 : 北京大学出版社 ,2015.

44　亨廷顿 . 文明的冲突与世界秩序的重建 [M]. 周琪，译 . 北京 : 新华出版社 ,2010.

45　克里斯托弗·希伯特 . 罗马 : 一座城市的兴衰史 [M]. 孙力，译 . 南京 : 译林出版社 ,2018.

46　林志宏 . 世界文化遗产与城市 [M]. 上海 : 同济大学出版社 ,2012.

47　安东尼·腾 . 世界伟大城市的保护 [M]. 郝笑丛，译 . 北京 : 清华大学出版社 ,2014.

48　丹尼斯·罗德维尔 . 历史城市的保护与可持续性 [M]. 陈江宁，译 . 北京 : 电子工业出版社 ,2015.

49　贝淡宁，艾维纳 . 城市的精神 [M]. 吴万伟，译 . 重庆 : 重庆出版社 ,2012.

50　巫鸿 . 废墟的故事 : 中国美术和视觉文化的"在场"与"缺席"[M]. 上海 : 上海人民出版社 ,2012.

51　张松 . 历史城市保护学导论 [M]. 上海 : 上海科学技术出版社 ,2001.

52　科斯托夫 . 城市的形成 : 历史进程中的城市模式和城市意义 [M]. 单皓，译 . 北京 : 中国建筑工业出版社 ,2005.

53　王璜生 . 第二届 CAFAM 双年展 : 无形的手 : 策展作为立场 [M]. 北京 : 中国青年出版社 ,2014.

54　顾朝林 . 概念规划——理论·方法·实例 (第二版)[M]. 北京 : 中国建筑工业出版社 ,2005.

55　高峰，王俊华 . 健康城市·21 世纪城市新形态丛书 [M]. 北京 : 中国计划出版社 ,2005.

56　陈易 . 城市建设中的可持续发展理论 [M]. 上海 : 同济大学出版社 ,2003.

57　张京祥 . 西方城市规划思想史纲 [M]. 南京 : 东南大学出版社 ,2005.

58　张紫晨 . 中国民俗与民俗学 [M]. 杭州 : 浙江人民出版社 ,1985.

59　傅崇兰，等 . 中国特色城市发展理论与实践 [M]. 北京 : 中国社会科学出版社 ,2003.

60　段进 . 城市空间发展论 [M]. 南京 : 江苏凤凰科学技术出版社 ,2015.

61　邹军 . 都市圈规划 [M]. 北京 : 中国建筑工业出版社 ,2005.

62　沈清基 . 城市生态与城市环境 [M]. 上海 : 同济大学出版社 ,1998.

63　黄宗智 . 中国乡村研究 (第三辑)[M]. 北京 : 社会科学文献出版社 ,2005.

64　刘敏 . 生成的逻辑 [M]. 上海 : 上海古籍出版社 ,2001.

65　钱学森 . 论系统工程 [M]. 湖南 : 湖南科学技术出版社 ,1986.

66　冯·贝塔朗菲 . 一般系统论 : 基础、发展和应用 [M]. 北京 : 清华大学出版社 ,1987.

67　约翰·霍兰 . 涌现 : 从混沌到有序 [M]. 陈禹，等，译 . 上海 : 上海世纪出版集团 ,2006.

68　李允鉌 . 华夏意匠 [M]. 北京 : 中国建筑工业出版社 ,2005.

69　吴焕加 . 外国现代建筑二十讲 [M]. 北京 : 生活·读书·新知三联书店 ,2007.

70　吴良镛 . 中国建筑与城市文化 [M]. 北京 : 昆仑出版社 ,2009.

71　辞海·历史分册·考古学 [M]. 上海 : 上海辞书出版社 ,1982.

72　胡乔木 . 中国大百科全书 [M]. 北京 : 中国大百科全书出版社 ,1993.

73　王瑞珠 . 国外历史环境的保护和规划 [M]. 台北 : 淑馨出版社 ,1993.

74　张松书 . 城市文化遗产保护国际宪章与国内法规选编 [M]. 上海 : 同济大学出版社 ,2007.

75　孙满利 . 土遗址保护初论 [M]. 北京 : 科学出版社 ,2010.

76　魏宏森 . 系统科学方法论导论 [M]. 北京：人民出版社 ,1985.

77　单霁翔 . 从"文物保护"走向"文化遗产保护"[M]. 天津：天津大学出版社 ,2008.

78　单霁翔 . 从"馆舍天地"走向"大千世界"关于广义博物馆的思考 [M]. 天津：天津大学出版社 ,2011.

79　单霁翔 . 文化遗产保护与城市文化建设 [M]. 北京：中国建筑工业出版社 ,2009.

80　夏征农 . 辞海 [Z]. 北京：上海辞书出版社 ,1999.

81　郭良夫 . 应用汉语词典 [Z]. 北京：商务印书馆 ,2002.

82　商务印书馆辞书研究中心 . 新华词典 [Z]. 北京：商务印书馆 ,2011.

83　STRÁNSKÝ Z Z. Education in Museology[M]. Museological Papers V,Supplementum 2.Brno:J.E.Purkyně University and Moravian Museum,1974.

84　DESVALLÉES A,MAIRESSE F.Dictionnaire encyclopédique de muséologie[M].Paris:Armand Colin,2011.

85　RAPOPORT A. Human Aspects of Urban Form[M].New Tork:Pergamman Press,1977.

86　ALEXANDER C.A New Theory of Urban Design[M].Oxford:Oxford University Press,1987.

87　ST NOVICK,P.The Holocaust in American Life[M].New York:Houghton Mifflin,1999.

88　HOLLE.Anchoring[M].New York:PrincetonArchitectural Press,1991.

89　TYLER N.Historic preservation: an introduction to its history,principles,and practice[M]. New York: W.W. Norton & Co.,2000.

90　KING T F.Anthropology in historic preservation[M].London:Academic Press,Inc.Ltd.,1977.

91　HOOPER-GREENHILL E.Museums and Shapingnknowledge[M].London:Routledge,1992.

92　HOLL S.Anchoring[M].New York:Princeton Architectural Press,1991.

93　JAESCHKE R L.When does history End in Preprints of the Contributions to the Copenhagen Congress:Archaeological Conservation and its Consequences[M]. London:International Institute for Conservation of Historic and Artistic Work,1996.

94　DUNCAN J,DUNCAN N.Discourse,Text and Metaphor in the Representation of Landscape[M].London and New York:Routledge,1992.

学位论文

1　王建国 . 现代城市设计理论和方法 [D]. 南京：东南大学 ,1989.

2　赵珺 . 本雅明城市美学思想及其影响研究 [D]. 南京：南京师范大学 ,2019.

3　陆保新 . 博物馆建筑与博物馆学的关联性研究 [D]. 北京：清华大学 ,2003.

4　黄琦 . 城市总体风貌规划框架研究 [D]. 北京：清华大学 ,2011.

5　史晨暄 . 世界遗产"突出的普遍价值"评价标准的演变 [D]. 北京：清华大学 ,2008.

6　丛桂芹 . 价值建构与阐释——基于传播理念的文化遗产保护 [D]. 北京：清华大学 ,2013.

7　徐知兰 .UNESCO 文化多样性理念对世界遗产体系的影响 [D]. 北京：清华大学 ,2012.

8　李玉峰 . 新遗产城市 [D]. 北京：中央美术学院 ,2010.

9　马冶 . 基于预设事件的建筑空间生成研究 [D]. 北京：中央美术学院 ,2016.

10　郭龙 . 故事城市——基于记忆、文脉与阅读的城市研究 [D]. 北京：中央美术学院 ,2015.

11　李亮 . 分形梳理——城市美化运动的当代启示 [D]. 北京：中央美术学院 ,2014.

12　雷大海 . 暂居城市——一个探讨当代城市发展趋势的新角度 [D]. 北京：中央美术学院 ,2014.

13　冯斐斐 . 关于北京旧城保护及特色彰显的思考与研究 [D]. 北京：中央美术学院 ,2011.

14　何东 . 论自觉误读：一种当代建筑与城市文化创新方法初探 [D]. 北京：中央美术学院 ,2010.

15　王雪梅 . 城市规划中的文化发展策略研究 [D]. 北京：中央美术学院 ,2012.

16　张勇 . 转型期开发区特色的城市文化研究 [D]. 北京：中央美术学院 ,2012.

17 郑皓 . 北京新城城市文化环境建设研究 [D]. 北京 : 中央美术学院 ,2011.
18 唐斌 . 美术馆与知识生产——全球化背景下美术馆与知识生产及相关问题研究 [D]. 北京 : 中央美术学院 ,2010.
19 王兰夏 . 语言文化的同构视角下的涵义空间 [D]. 北京 : 首都师范大学 ,2013.
20 薛军伟 . 艺术与博物馆——英美艺术博物馆学研究 [D]. 杭州 : 中国美术学院 ,2010.
21 徐熙熙 . 美术馆公共美育资源引入中学美术教学的实践研究 [D]. 杭州 : 中国美术学院 ,2017.
22 王澍 . 虚构城市 [D]. 上海 : 同济大学 ,2000.
23 傅玉兰 . 博物馆群运作模式研究 [D]. 上海 : 复旦大学 ,2010.
24 倪凯 . 汤因比的城市观点 [D]. 上海 : 上海师范大学 ,2016.
25 蒋慧 . 巴黎公共文化服务体系的构建 [D]. 上海 : 复旦大学 ,2013.
26 郑奕 . 博物馆教育活动研究——观众参观博物馆前、中、后三阶段教育活动的规划与实施 [D]. 上海 : 复旦大学 ,2012.
27 张书勤 . 建筑学视野下世界文化遗产保护的国际组织及保护思想研究 [D]. 天津 : 天津大学 ,2011.
28 李绍燕 . 自组织理论下城市风貌规划优化研究 [D]. 天津 : 天津大学 ,2013.
29 杜涵 . 整合文化规划的地方城市规划体系调整 [D]. 广州 : 华南理工大学 ,2013.
30 裴胜兴 . 基于遗址保护理念的遗址博物馆建筑整体性设计研究 [D]. 广州 : 华南理工大学 ,2015.
31 齐吴晨 . 德国建筑遗产的保护与展示方法研究 [D]. 西安 : 西安建筑科技大学 ,2015.
32 张倩 . 历史文化遗产资源周边建筑环境的保护与规划设计研究 [D]. 西安 : 西安建筑科技大学 ,2011.
33 林源 . 中国建筑遗产保护基础理论研究 [D]. 西安 : 西安建筑科技大学 ,2017.
34 刘洋 . 文化旅游与城市经济协调发展研究 [D]. 西安 : 西北大学 ,2016.
35 卜琳 . 中国文化遗产展示体系研究 [D]. 西安 : 西北大学 ,2012.
36 张犁 . 工业建筑遗产保护与文化再生研究 [D]. 西安 : 西安美术学院 ,2017.
37 于云龙 . 遗产与传播——传播学理念下的建筑遗产保护 [D]. 重庆 : 重庆大学 ,2015.
38 张心 . 城市遗产保护的人本视角研究 [D]. 济南 : 山东大学 ,2016.
39 何跃 . 自组织城市新论 [D]. 太原 : 山西大学 ,2012.
40 师蔷薇 . 习近平"讲好中国故事"思想研究 [D]. 太原 : 太原理工大学 ,2016.
41 张蕊 . 博物馆城市群发展研究 [D]. 郑州 : 河南大学 ,2011.
42 冯丹 . 城镇化建设中的乡愁问题研究 [D]. 郑州 : 中原工学院 ,2016.
43 杨漾 . 爱丁堡的城市郊区化问题研究 [D]. 长春 : 吉林大学 ,2006.
44 宁玲 . 城市景观系统优化原理研究 [D]. 武汉 : 华中科技大学 ,2011.
45 周骥 . 智慧城市评价体系研究 [D]. 武汉 : 华中科技大学 ,2013.
46 周秀梅 . 城市文化视角下的公共艺术整体性设计研究 [D]. 武汉 : 武汉大学 ,2013.
47 刘乃芳 . 城市叙事空间理论及其方法研究 [D]. 长沙 : 中南大学 ,2012.
48 杨昌新 . 从"潜存"到"显现":城市风貌特色的生成机制研究 [D]. 重庆 : 重庆大学建筑规划学院 ,2015.
49 金昕 . 大学生美育的现实困境、原因及其策略研究 [D]. 长春 : 东北师范大学 ,2014.

连续出版物

1 C·亚历山大 . 城市并非树形 [J]. 严小婴 , 译 . 建筑师 ,1985(24).
2 金吾伦 . 巴姆的整体论 [J]. 自然辩证法研究 ,1993(9).
3 李俊 , 冯文俊 , 冯江 . 花园展馆国家——威尼斯双年展花园区国家馆建设历程回顾 [J]. 新建筑 ,2019(1).
4 陈煊 , 魏春雨 , 廖艳红 . 最大化可穿越性体验设计在丘陵城市设计中的运用——以英国爱丁堡新旧城建设为例 [J]. 中国园林 ,2012(4).
5 葛维成 , 杨国庆 , 叶扬 . 意大利卢卡城墙的历史与保护 [J]. 中国文化遗产 ,2006(1).

6　陆锵鸣，张福兴 . 论系统开放与封闭的两重性 [J]. 科学技术与辩证法 ,1997(2).

7　丁文越，朱婷文 . 伦敦工业遗产再生——以泰特现代美术馆及其周边地段为例 [J]. 北京规划建设 ,2019(3).

8　胡依然，孟娟，周曦 . 文艺复兴时期的罗马教会对罗马城市规划的影响 [J]. 城市建设理论研究 ,2012(3).

9　王东，马建梅 . 从生活的视角看城市历史景观动态保护和管理 [J]. 艺术工作 ,2019(3).

10　许懋彦，赵曾辉 . 解读巴黎世界博览会选址规划与城市发展历程之关系 [J]. 国外城市规划 ,2006(21).

11　郑小东，李坚 . 柏林博物馆岛——艺术与科学的圣殿 [J]. 建筑设计研究 ,2009(12).

12　周高亮 . 城市文化建设理念下的城市博物馆研究 [J]. 国际博物馆 ,2017(1-2).

13　朱蓉，吴尧 . 爱丁堡旧城和新城的保护管理经验 [J]. 工业建筑 ,2015.

14　单霁翔 . 博物馆的社会责任与社会文化 [J]. 中原文物 ,2011(1).

15　单霁翔 . 城市文化与传统文化、地域文化和文化多样性 [J]. 南方文物 ,2017(2).

16　毛曦 . 试论城市的起源和形成 [J]. 天津师范大学学报 ,2004(5).

17　严建强，梁晓艳 . 博物馆的定义及其理解 [J]. 中国博物馆 ,2001(7).

18　何燕李 . 艺术空间与政治权利的绑定关系 [J]. 中外文化与文论 ,2016(3).

19　常青 . 建筑学的人类学视野 [J]. 建筑师 ,2008(12).

20　李红艳 . 解读里格尔的历史建筑价值论 [J]. 建筑师 ,2009(4).

21　陆地 . 一个建筑，一部浓缩的建筑保护与修复史 [J]. 建筑师 ,2006(8).

22　王志超 . 希腊世界文化遗产的管理与保护经验研究 [J]. 山西农业大学学报 ,2014(13).

23　江丽君，舒平，侯薇 . 冲突、多样性与公众参与——美国建筑历史遗产保护历程研究 [J]. 建筑学报 ,2011(5).

24　黄美红 . 论柏拉图理想国中的理想城市 [J]. 哈尔滨学院学报 ,2006(10).

25　贾蓉 . 基于城市策展视角的历史街区跨界复兴——以大栅栏更新计划为例 [J]. 装饰 ,2017(5).

26　魏泽崧，潘彩霞 . 城市策展设计策略解析 [J]. 华中建筑 ,2016(01).

27　魏泽崧，杨耀宁，孙石村 . 情景代入城市设计——城市策展设计策略漫谈 [J]. 建筑师 ,2016(2).

28　陈同乐 . 后博物馆时代——在传承与蜕变中构建多元的泛博物馆 [J]. 东南文化 ,2009(6).

29　贺诚，吴施婵 . 泛博物馆视野下的工业遗产博物馆空间叙事研究 [J]. 戏剧研究 ,2019(11).

30　张沛，程芳欣，田涛 . 西安泛博物馆城市文化体系搭建及规划策略初探 [J]. 建筑与文化 ,2011(2).

31　张沛，程芳欣，田涛 . 西安"泛博物馆"城市文化体系构建研究 [J]. 规划师 ,2012(5).

32　袁雁悦 . 历史文化类博物馆中的青少年美育实践 [J]. 美育学刊 ,2018(4).

33　王珊，杨博涵 . 浅谈博物馆美育 [J]. 文化产业 ,2018(9).

34　汪芳，吕舟，张兵，等 . 迁移中的记忆与乡愁——城乡记忆的演变机制和空间逻辑 [J]. 地理研究 ,2017(1).

35　阮静 . 文化传播背景下讲好中国故事的原则和策略 [J]. 西南民族大学学报 (人文社科版),2017(5).

36　刘亚琼 . 习近平关于"讲好中国故事"的五个论断 [J]. 党的文献 ,2019(2).

37　徐占忧 . 讲好中国故事的现实困难与破解之策 [J]. 社会主义研究 ,2014(3).

38　吴辉 . 从《遗产法典》看"法国的博物馆" [N]. 中国文物报 ,2014-07-22.

39　黄磊 . 法国博物馆管理体制、发展现状的启示 [N]. 中国文物报 ,2005-07-22.

40　韦坚 . 法国博物馆的儿童教育 [N]. 中国文物报 ,2002-01-25.

41　张舜玺 . 法国博物馆运营的资金来源 [N]. 学习时报 ,2016-02-18.

42　陈曦 . "阐释"与"展示"概念的溯源与辨析 [N]. 中国文物报 ,2012-08-17.

43　张旭东，王敏，齐雷杰，等 . 奋进新时代建设雄安城——以习近平同志为核心的党中央谋划指导《河北雄安新区规划纲要》编制纪实 [N]. 人民日报 ,2018-04-27.

论文集、会议录

1　中国博物馆协会 . 回顾与展望 : 中国博物馆发展百年——中国博物馆学会学术研讨会文集 [C]. 北京 : 紫禁城出版社 ,2005.

2　中国博物馆学会纪念馆专业委员会 . 第三次年会暨城市建设与文化遗产保护论坛论文集 [C]. 上海 : 上海社会科学院出版社 ,2010.

3　中国博物馆协会城市博物馆专业委员会 , 上海市历史博物馆 . 城市文化的共享 : 中国博物馆协会城市博物馆专业委员会论文集 (2011-2012)[C]. 上海 : 上海交通大学出版社 ,2012.

4　中国博物馆协会城市博物馆专业委员会 , 上海市历史博物馆 . 致力于可持续发展社会的城市博物馆 : 中国博物馆协会城市博物馆专业委员会论文集 (2015-2016) [C]. 上海 : 上海交通大学出版社 ,2016.

电子文献

1　中国国家统计局 . 改革开放 40 年经济社会发展成就系列报告之二十一 [EB/OL].(2018-09-18)[2018-12-11].http://www.stats.gov.cn/ztjc/ztfx/ggkf40n/201809/t20180918_1623598.html.

2　中国国家统计局 . 中华人民共和国 2019 年国民经济和社会发展统计公报 [EB/OL].(2020-02-28)[2020-03-01].http://www.stats.gov.cn/tjsj/zxfb/202002/t20200228_1728913.html.

3　中国国家统计局 . 新中国成立 70 周年经济社会发展成就系列报告之十七 [EB/OL].(2019-08-15)[2019-04-11].http://www.stats.gov.cn/ztjc/zthd/sjtjr/d10j/70cj/201909/201906_1696326.html.

4　ICOMOS.International Charter for The Conservation and Restoration of Monuments and Sites(The Venice Charter)[EB/OL]. (1964-05-31)[2018-04-01].http://www.International.icomos.org/charters/venice_e.pdf.

5　ICOMOS.Charter for The Protection and Management of The Archaeological Heritage[EB/OL]. (1990-10)[2018-04-01].http://www.international.icomos.org/charters/arch_e.pdf.

6　ICOMOS. Creating A New Museum Definition[EB/OL].(2018-02-19)[2019-1-11].https://icom.museum/en/activities/standards-guidelines/museum-definition/.

7　班 奈 特 . 展 览 复 合 体 [J/OL]. 王 胜 智 , 译 .[2019-11-17].https://www.academia.edu/13646271/%E5%B1%95%E8%A6%BD%E8%A4%87%E5%90%88%E9%AB%94_%E4%B8%8A_The_Exhibitionary_Complex_1_.

8　中华人民共和国国务院 . 关于加强文化遗产保护的通知 [EB/OL].(2005-12-22)[2018-01-04].http://www.gov.cn/gongbao/content/2006/content_185117.htm.

9　Paris Tourist Office.Le Tourisme à Paris - Chiffres clés 2017[EB/OL].[2019-02-12].https://fr.zone-secure.net/42102/1019605/#page=14.

10　Paris Tourist Office.Le Tourisme à Paris - Chiffres clés 2018[EB/OL].[2019-02-12].https://www.louvre.fr/sites/default/files/medias/medias_fichiers/fichiers/pdf/louvre-%E5%8D%A2%E6%B5%AE%E5%AE%AB%E5%8D%9A%E7%89%A9%E9%A6%86%E5%AF%BC%E6%B8%B8%E5%9B%BE.pdf.

11　Ministère de la culture .Rapport de développement du musée[EB/OL].[2019-08-23]http://www.culture.gouv.fr/Aides-demarches/Protections-labels-et-appellations/Composants-Labels-Carte-des-musees-de-France#/.

12　关昕 . 对法国公立博物馆发展与管理模式的思考 [EB/OL].(2016-12-07)[2019-02-18].https://news.artron.net/20161207/n891677_3.html.

13　UNESCO.Historic Centre of Prague.[EB/OL].[2019-2-20].https://whc.unesco.org/en/list/616/

14　UNESCO.Old and New Towns of Edinburgh.[EB/OL].[2019-2-20].https://whc.unesco.org/en/

list/728/.

15 国际展览局 . 关于世博会：专业类世博会 [EB/OL].[2019-05-11].http://www.expo-museum.org/zh_CN/about/expo/special.shtml.

16 国际展览局 . 关于世博会：世界园艺博览会 [EB/OL].[2019-05-11].http://www.expo-museum.org/zh_CN/about/expo/gardening.shtml.

17 Riccardob Bianchini.Venice Art Biennale 2017[EB/OL].(2017-04-19)[2019-01-5].https://www.inexhibit.com/specials/venice-art-biennale-2017-program-events-info-exhibitions-index/.

18 Riccardob Bianchini.Venice Art Biennale 2018[EB/OL].(2018-07-17)[2019-01-7].https://www.inexhibit.com/specials/freespace-venice-architecture-biennale-2018-themes-exhibitions-events/.

19 UNESCO.Convention Concerning The Protection of The World Cultural and Natural Heritage[EB/OL].（1972-11-16）[2018-12-30].http://whc.unesco.org/en/conventiontext.

20 ICOMOS. Charter For The Conservation Of Historic Towns And Urban Areas (Washington Charter) [EB/OL]. (1987)[2018-12-30].https://www.icomos.org/charters/towns_e.pdf.

21 国际工业遗产保护委员会 (TICCIH). 工业遗产的下塔吉尔宪章 [EB/OL]. (2003)[2020-01-02].http://ih.landscape.cn/tagil.htm.

22 金佳绪 . 习近平年度"金句"之二，让城市留住记忆，让人们记住乡愁 [EB/OL].(2019-12-26)[2020-01-06].http://www.ccps.gov.cn/xtt/201912/t20191226_137095.shtml.

23 中华人民共和国国务院 . 中共中央　国务院关于建立更加有效的区域协调发展新机制的意见 [EB/OL]. (2018-11-29)[2020-02-11].http://www.gov.cn/zhengce/2018-11/29/content_5344537.htm.

后记

　　"博物馆城市"这一概念的提出，与我的成长环境有着深刻的联系。我自幼生活在曲阜，这座历史名城的独特氛围塑造了我的思维方式与价值判断。曲阜的建筑、街道、石刻与书法，像散落在城市空间中的时间印记，为我打开了一扇通向历史、文化与艺术的大门。无论是巍然矗立的古迹，还是日常生活中潜藏的历史痕迹，这座城市就像一本开放的百科全书，为我提供了理解历史、文化与艺术的独特视角。正是这种独特的城市特质，使我得以从日常中感受历史的厚重与文化的绵延。这种深植于生活中的熏陶，成为"博物馆城市"这一概念最初的灵感来源。

　　《博物馆城市：以文化遗产展示为特征的城市设计》这本专著的撰写，源自2017年在中央美术学院跟随潘公凯先生攻读博士期间的博士论文。在此期间，潘公凯先生以其广阔的学术视野、深邃的人文关怀以及对当代城市问题的独到见解，深刻影响了我对"博物馆城市"这一概念的思考与确立。潘公凯先生对我从博物馆视角探讨城市问题给予了充分的支持与认可，并鼓励我从未来的视角重新审视传统问题，特别是在艺术、文化与城市研究交汇的领域寻找创新的突破。他不仅要求我注重理论的深度，强调学术研究的严谨性，还坚持研究必须立足于现实，响应社会和时代的需求。他教导我在学术探索中要专注于学科核心问题的研究，勇于打破传统框架的束缚，形成属于自己的学术体系。这些宝贵的学术经验和方法，为本书的撰写打下了坚实的基础。能够成为潘公凯先生的学生，是我学术生涯中最幸运的经历之一，他深厚的艺术造诣、前瞻的学术视野和严谨的治学态度，深深影响了我对学术研究的态度与方法。潘公凯先生的学术精神与人格魅力，将始终是我学术追求中的灯塔，激励我在未来的研究中不断前行、勇敢探索。

"博物馆城市"这一概念的研究与思考，得益自 2011 年开始在中央美术学院跟随黄建成先生攻读硕士期间的学习过程。在跟随黄建成先生学习期间，我专注于空间艺术的研究，并有幸跟随黄建成先生参与了众多博物馆展示艺术与城市艺术的实践。经过大量的实践学习，让我对博物馆与城市的关系有了更加深刻的理解与思考。黄建成先生始终强调研究要扎根于现实问题，主张通过实践发现问题、通过理论深化认识，并在广泛的文化视野中寻找突破口。黄建成先生引导我关注博物馆展示与城市空间的深层次联系，并通过实际项目让我逐步建立起系统性的研究方法与独立思考的能力。更重要的是，黄建成先生的支持与鼓励让我勇于迈入更深的学术领域，为后续"博物馆城市"概念的形成与完善提供了关键的动力。无论是学业、工作还是生活之中，他都给予了我无私的帮助与真挚的鼓励。在我面临学术困惑与人生方向选择时，黄建成先生始终以宽广的胸怀与坚定的信念支持我，让我勇于面对挑战。可以说，黄建成先生的指导和支持不仅塑造了我的学术能力，也影响了我对生活与事业的态度。

在本书的撰写过程中，我深感这一研究不仅是个人思考的结晶，更离不开众多导师、同仁以及家人的支持与帮助。无论是学术框架的搭建、研究内容的完善，还是出版过程的推进，都得益于许多人的关心与协助。在此，我特别表达我的感激之情：

感谢中央美术学院城市设计学院王中教授、马浚诚教授、田海鹏教授、李亮教授、苏海江教授、高扬教授、卓凡教授、李悦教授、萨日娜教授在本书写作过程中给予的指导与支持。

感谢中央美术学院吕品晶教授、杨杰教授、郝凝辉教授、周宇舫教授、韩涛教授、潘公凯工作室王芳老师、北京城市学院温宗勇校长对本书写作提供的帮助与鼓励。

感谢中央美术学院科研处于洋教授、李学博老师、吴晶莹老师的支持，感谢中央美术学院科研经费的资助，使本书的出版得以顺利完成。

感谢中国建筑工业出版社杨晓老师的帮助，她以专业的建议和细致的协助，为本书的最终呈现作出了重要贡献。

感谢我的舅舅——中国孔子研究院孟坡研究员对我学术研究的悉心指导。

最后，最深切地感激我的父母与家人，正是您们的培养与支持，让我能够专注于学业与研究，这本书凝聚了您们的辛劳与付出。

孔岑蔚

2024 年 12 月

于中央美术学院